人文地理与城乡规划专业
规划实习教程

ENWEN DILI YU CHENGXIANG GUIHUA ZHUANYE
GUIHUA SHIXI JIAOCHENG

主　编　李　斌
副主编　范　春　胡为为　李　琴　周心琴　罗光莲

西南财经大学出版社

图书在版编目(CIP)数据

人文地理与城乡规划专业规划实习教程/李斌主编. —成都:西南财经大学出版社,2015. 8

ISBN 978 -7 -5504 -2028 -1

Ⅰ. ①人… Ⅱ. ①李… Ⅲ. ①人文地理学—中国—教材②城乡规划—中国—教材 Ⅳ. ①K901②TU984. 2

中国版本图书馆 CIP 数据核字(2015)第 151833 号

人文地理与城乡规划专业规划实习教程

主　编:李斌
副主编:范春　胡为为　李琴　周心琴　罗光莲

责任编辑:张岚
助理编辑:高玲
责任校对:张虹
封面设计:墨创文化
责任印制:封俊川

出版发行	西南财经大学出版社(四川省成都市光华村街 55 号)
网　　址	http://www. bookcj. com
电子邮件	bookcj@ foxmail. com
邮政编码	610074
电　　话	028 -87353785　87352368
照　　排	四川胜翔数码印务设计有限公司
印　　刷	郫县犀浦印刷厂
成品尺寸	185mm ×260mm
印　　张	13. 5
字　　数	200 千字
版　　次	2015 年 8 月第 1 版
印　　次	2015 年 8 月第 1 次印刷
印　　数	1— 1000 册
书　　号	ISBN 978 -7 -5504 -2028 -1
定　　价	29. 80 元

Foreword 前言

人文地理与城乡规划专业是在我国资源环境问题突出、城镇化快速推进及区域发展问题突出的背景下设置的，以“夯基础、重交叉、强实践、促创新”为理念，紧跟生态文明建设与城乡规划管理发展趋势，目的是培养能够从事城乡规划与管理、资源环境规划与管理、土地规划与管理、旅游规划与开发及相关领域的高级应用型人才。培养方案在理论教学与课程实验的基础上，重点设置了专业实习教学环节，目的在于提升学生对规划对象的感性认识和现场感，组织学生脚踏实地地去直接接触其研究对象，亲自到实习现场观察、研究，亲身体会作为一个规划者在完成规划项目中应具备的基本能力，了解完成一个规划项目的基本流程和环节等。因此，规划实习是人文地理与城乡规划课堂教学的深度拓展，是专业人才培养的重要内容，是提高学生专业综合实践能力和实践创新能力的重要环节。专业实习教学是一个系统工程，必须有良好的设计，才能保障实施的效果。《人文地理与城乡规划专业规划实习教程》的编写，为专业实习教学制订了切实可行的实习方案，是整个规划实习的基础与保障。

本书共分十章，第一章为规划实习概述，主要阐述了规划实习的目的、意义与要求，规划实习区的选择，规划实习报告的编写内容与评价，规划实习的注意事项以及规划实习的方法等。第二章主要介绍规划实习的室外调研方法与室内工作方法。第三章对规划实习区的概况进行了全面的介绍。教程第四、五、六、七、八、九、十章从城乡“总体规划—详细规划—专项规划”三个层次构建了规划实习的体系框架。其中第四、五章分别为城市总体规划、乡村总体规划，属于总体规划实习内容；第六章为中心镇区控制性详细规划，属于详细规划的内容；第七、

八、九、十章分别为城市道路交通规划、古镇保护规划、旅游规划及城市绿地系统规划，属于专项规划实习内容。在内容安排上，第四章至第十章围绕不同类型规划的特点，分别以实习目的与内容、实习原理与技术依据、实习过程与方法和实习案例与拓展作为章节的基本框架，系统地介绍了不同类型规划实习的环节、规划成果编制等。该教程对于学生系统理解与掌握规划的基本知识和原理、基本工作方法和基本技能，全面地培养学生科研意识和实践创新能力，全面熟悉规划行业基本规范和工作流程等方面具有较好的指导性，是人文地理与城乡规划专业的重要教材，也可以作为其他地理类、经营类以及资源环境类专业学生和教师的参考书。

本书是重庆工商大学旅游与国土学院城乡规划系全体教师多年教学积累的成果之一。在实习区域的选点考察和教材体系的构建中，我们得到了院长赵小鲁教授、副院长王宁教授、副院长周启刚博士的关心和大力支持。在资料收集过程中，罗光莲、代富强、王爱民、廖世超、李雪花、骆东奇、李辉等老师给予了我们帮助。本教程主要编写者为李斌、范春、胡为为、李琴、周心琴。其中，第一、二、三、四章内容为李斌编写；第五、九章内容为范春编写；第六、七章内容为胡为为编写；第八章内容为周心琴编写；第十章内容为李琴编写；全书由李斌统稿。本书编写过程中，参考了众多文献资料，虽已在参考文献中列出，但其中难免有所遗漏，在此谨向所有参考资料的作者表示衷心的感谢！本书由代富强博士主审并给予了许多宝贵的意见，在此表示诚挚的感谢！

限于编者的学识和经验，书中有遗漏、不当甚至错误之处，敬请专家和读者指正！

编 者

2015 年 6 月

Contents 目录

第一章　绪论

第一节　规划实习目的与意义

一、新形势下专业人才培养的要求

人文地理与城乡规划专业是在我国资源环境、城镇化及区域发展等问题突出的背景下，以地理学、城乡规划学、环境学、经济学、管理学等多学科为基础，以培养具有基本理论素养、应用能力、创新精神、竞争意识与综合素质高的理工结合型高级应用型人才为目的的应用性专业。该专业毕业生能够在城乡规划与设计、资源环境规划与管理、土地利用与开发、旅游规划与开发、房地产开发与管理等相关领域工作。新形势下，本专业坚持“夯基础、重交叉、强实践、促创新”的人才培养理念，紧密结合我国生态文明建设与城乡规划管理发展趋势，注重学生在合理安排城乡空间规划和管理、合理利用资源和环境、促进城乡的可持续发展等方面能力的培养。因此，人文地理与城乡规划作为应用性专业，其规划实习是人才培养的重要环节。

二、课堂理论教学的延续与深化

任何应用性学科的理论教学最终必须与实践相结合，这样才能使学生加深对课堂教学的理论知识的理解。规划实习是人文地理与城乡规划课堂教学的拓展。为提高学生对专业理论的理解，人才培养方案中实践教学环节是必不可少的，如城市规划原理、区域分析与区域规划、乡村规划、旅游规划、土地利用规划、控制性详细规划、道路交通规划等专业课程相应地设置了实验课，但仅仅停留在室内的模拟与仿真，远不能达到专业的培养目标。因此，在理论教学与课程实验的基础上，培养方案中重点设置了专业实习教学环节，目的在于培养学生对于规划工作的感性认识和现场感，让学生脚踏实地地去直接接触规划对象，亲自到室外观察、研究。同时，规划实习让学生认识到在现代技术手段深刻地影响着规划工作的背景下，规划者仍需要现场勘察才能获取和理解规划中需要的各种信息，如若只拘泥于课堂教学和室内模拟教学，缺乏室外的观察与验证，对于规划的理解必定是肤浅的。因此，学校只有把课堂教学与实践教学相结合，才能更好地提高学生的专业理论素养。

三、提高实践能力和专业技能的重要途径

实习是一种实践，是理论联系实际、应用和巩固所学专业知识的一项重要环节，更是培养学生实践能力和专业技能的一个重要手段。对于人文地理与城乡规划专业这一应用性极强的专业，学生不但要将所学的理论付诸应用，而且也要巩固提高专业技能。而实习教学为此提供了一个平台，该平台使学生学会利用城乡规划的专业思维来思考区域中存在的现实问题，在解决问题过程中学会选择解决问题的方法和技术手段，同时培养学生学会了解规划区居民的诉求，学会与人沟通交流、培养学生的团队合作精神。总之，城乡规划实习不但可以加强学生综合运用专业知识的能力，更重要的是强化了学生的实践能力，避免学生所完成的规划方案成为闭门造车、脱离实际的空中楼阁。

四、对接规划行业的必要环节

针对目前规划行业的人才需求导向，用人单位择优录取的条件主要聚焦在求职者是否具备实践能力和相关规划实践的经历，是否能够迅速融入规划团队。规划实习不但能够培养学生综合实践能力，同时能够使学生领会到规划者完成一个规划项目应具备的基本能力，了解完成一个规划项目的基本流程和基本环节等，从而使得培养的学生能够达到行业对人才选择的基本要求。在我国资源环境问题严重、城镇化快速推进的新形势下，本专业毕业生有广阔的就业市场，而实习实践教学正是衔接学校与行业的一个纽带，为即将走入工作岗位的学生提供一个专业实战训练的平台，为其今后就业打下坚实的基础。

第二节　规划实习区的选择

一、选择的原则

实习区域的选择是整个实习环节中重要的内容之一，能否科学合理地选择实习区域直接影响到实习的最终效果。对于实习区的选择要遵循代表性、尺度的适宜性、高效性及安全性的原则。

首先，所选择的实习区应具有较强的代表性。在生态文明建设与新型城镇化快速推进的背景下，我国城乡所面临的资源环境、城市规划、土地利用、产业结构、城乡二元结构、人居环境等问题亟须解决，这些问题都是人文地理与城乡规划专业应该关注和在实践中努力解决的问题。因此，城乡规划实习的内容应该与区域发展中的热点和重点问题对接，才能在实践中培养学生解决现实问题的综合能力。因此实习区域的选择应该具有以上典型特征，为规划实习提供典型案例，提高实习效果。

其次，实习区域的选择应以中小尺度为宜。在规划实习过程中，指导老师和学生需要把握实习区域的整体概况，能够驾驭实习区域在更大宏观背景中的地位与作用，能够从整体出发对实习区域中存在的问题进行有针对性的深入探讨，如果区域过大则不利于师生把握整体情况和该区域在更大背景中的地位与作用。同时，区域过大不利于现场调研和勘查工作，由于实习时间的有限性，若实习区域过大，学生费时费力且效果不佳，难以到达实习效果。

最后，实习区域的选择应体现高效及安全性的原则。高效及安全性原则既要体现在实习区的交通区位便捷安全，空间距离较小，车程在 1 小时左右，具有较为经济、安全的生活服务接待设施；更要体现在实习区现场考察的路线在具备安全保证的情况下，尽量避免师生重复观察、迂回观察，并且使师生在有限的空间和时间内获取更多的规划信息，路线观察效率的提高可以大大提升实地调研的整体效率。

二、选择的步骤

（一）室内论证

通过查阅文献、网站等有关实习区域的素材，对区域的自然环境、社会环境与经济环境进行初步了解，结合现有的地形图、土地利用类型图、遥感影像以及相关研究成果等资料，并依据实习的目的、内容与要求，学院实习指导委员会组织专业教师对备选实习区的典型性、尺度的适宜性、高效性及安全性等进行论证，同时要与实习区域所在地政府部门进行积极沟通。

（二）实地考察

在备选实习区确定后，实习指导委员会组织专业教师进入实习区域进行实地考察，对于实习区典型的“点、线、面”如何有效地整合为实习路线进行实地察看，尤其需要对当地居民进行访谈，获悉实习区内道路的实际通达程度、考察点场地大小及安全情况、当地特殊的风土人情等，然后整理调研资料，进一步论证并调整与完善。在符合基本条件的基础上，实习指导委员会最后要与当地政府形成书面校地合作框架协议，明确双方的权利与义务，争取获得地方政府的积极支持。

（三）适时调整

通过室内论证和实地考察确定实习区域之后，在开展实地实习的过程中，也会出现相当多的突发性的偶然因素，造成原有实习方案的执行困难。这时我们不能轻易中断实习，而是要根据实地情况，再次妥善修改既定路线。调整后的新路线与原来的路线最好不要相差太大。

综上所述，实习区域的选择和实习方案的完善，只有在不断的探索和修改中才能完成。实习区域的选择，要严格按照上述步骤进行，重视每一个环节，不能急于求成。

第三节　规划实习的准备与要求

规划实习涉及诸多环节，是一个非常系统的工作，每个环节都有相应的实习任务，主要分为室内准备阶段、室外实地调研阶段、室内成果编制与汇报总结阶段，每个阶段指导教师和学生都有相应的工作内容，见图 1.1。

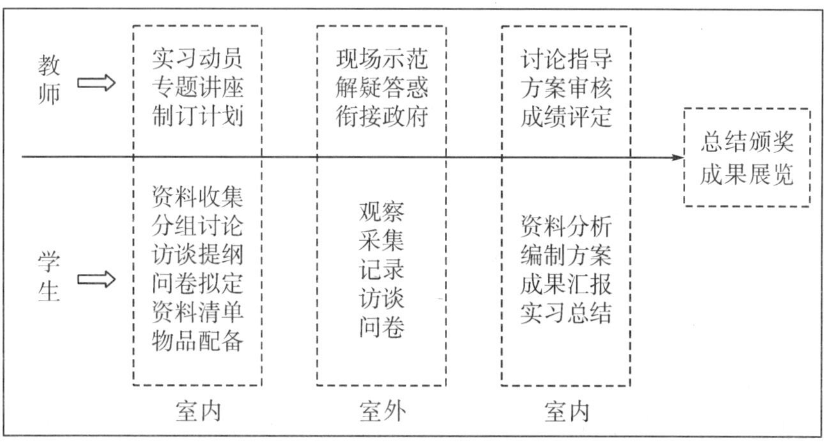

图 1.1　规划实习基本流程

一、室内准备

良好的开端，是成功的一半。规划实习的一个重要环节是进入实地调研前充分的室内准备，主要包括制订实习计划、熟悉实习区的基本概况、拟定调查问卷及访谈提纲、列出资料清单、熟悉相关理论与专业软件。

另外，学生也要准备相应的实习工具，室外实地调研具有户外作业的共同性，因此学生需要准备一些一般性的装备。由于高校户外实习通常是以班集体为单位开展的，因此室外实习装备也分为集体共享工具和个人工具，其中绝大多数是共同的工具，例如定位、摄像、录音、测量等设备。学生出发前在指导教师安排下领取相关器材，如罗盘、GPS 定位仪、遥感影像图、照相机、摄像机、录音笔、测量绳等。大多数学生在室内准备阶段已经了解甚至掌握了室外设备的使用方法，但需要在出发前学习使用，并在实践中不断摸索积累使用仪器的经验。除此之外，学生还需准备实习区现场考察的文字资料、交通图、地形图、工作手册等，以及笔、尺、记录本、标签、502 胶、包装纸等。

二、室外调研

第一，实习过程中学生要多看、多听、多问、多思考、多理论联系实际，在现场调研过程中，做好第一手资料的收集与记录，包括文字资料和数据、影像拍摄、感想心得等方面，便于实习结束之后进行分析和总结。第二，学生在现场调研中要保持良好的精神状态，在对当地居民的问卷调查与政府部门的座谈交流过程中，要文明礼貌、谦虚好学，展现当代大学生的精神风貌。第三，实习分组实行组长负责制，组长要负责组员的所有行动并与指导教师沟通，实习过程中同学之间要互相学习、积极探讨、相互关心、帮助，共同完成实习任务。第四，学生在野外实习中必须听从指导教师的安排，遵守实习目的地的规章制度，不私自行动，不与他人发生矛盾和冲突，安全、文明、顺利地完成每个考察点的实习任务。学生必须严格管理自己，预防交通事故，注意自身安全。另外，学生必须要有严格的时间观念，按时作息，不迟到，不早退。学生外出应请假，并留下书面请假材料写明情况。

三、室内编制

学生通过室内准备，进入实地调研，最后又进入室内进行成果编制，这个阶段是整个实习的核心环节。学生应运用相关专业理论及技术手段，完成规划实习的方案编制与成果汇报。首先，每个实习小组要对实地调研所收集的各种资料进行分类整理、统计分析、初步研究等；其次，通过小组讨论，确定规划的最初方案，并与指导老师进行交流、完善；第三，进入方案编制阶段，按照不同类型规划的规范，完成规划说明书、规划文本及规划图件等成果；第四，在成果汇报阶段，以小组为单位汇报规划成果，由各组指导教师组成的审核组进行评价打分；第五，进行实习总结。

四、注意事项

1. 食品

学生对食品的要求主要是安全，集体的食品要根据地点和时间安排，提前一天购买，尤其要保证食品的安全、新鲜。规划实习一般要在现场进行3~5天的调研，所以实习小组要提前与实习地点取得联系，使学生的饮食和住宿的安全性得到有效保证。当学生在野外活动中遇到大雨、狂风等恶劣天气且不能按时就餐时，备用食品就发挥出重要作用。一般情况下学生可选择高能量、轻、不易变质、可长期保存的食品，如巧克力、真空包装的牛肉干、压缩饼干、糖类、真空包装的咸菜等。

2. 衣物

学生可根据气候及天气情况准备衣物。学生出行前注意天气预报，寒冷天气则带厚衣物，酷暑天气则带易吸汗的防晒衣服，必要时带上雨具或雨衣。学生在室外不可穿紧身衣服，代之以宽松、合体的运动服或休闲装。学生在室外实习中不要穿新鞋、露趾鞋、高跟鞋，最好选择鞋底是硬橡胶且厚实、鞋帮高、不易渗水和防滑的鞋。学生若在景区或城镇中心区实习，道路相对平坦，穿普通运动鞋或旅游鞋即可。学生夏天可穿长袖衫和长裤，既可以防蚊虫，还可防树枝划伤。鞋袜一定要舒适、合脚。袜子要有备用的，学生在夏天要穿吸汗的棉袜，冬天要穿保暖的袜子，根据天气穿雨鞋或雪鞋、戴手套。

3. 药品

个人应携带常用药品。班级生活委员随身携带药箱，对可能出现的症状早做准备，防患于未然。一般短期活动可能出现划伤、扭伤、中暑、蚊虫叮咬、肠胃不适、感冒、发烧等问题，学生应带上外伤类药品，如棉签、红药水、酒精、纱布、止血带、创可贴、云南白药等。肠胃药多是胃舒宁、诺氟沙星等。感冒药有银翘片、速效感冒胶囊等，其他如清凉油、人丹、藿香正气水、晕车药等。

4. 通信联络设备

室外活动中可能会出现队员迷路、掉队、落单等情况。为了便于联络，小组长需携带手机，在出发前给每位队员发一份通信录。

5. 其他装备及证件

集体还需要带的物品有摄像机、铁锹、标本夹、拉绳等，个人还需带上洗漱用品、太阳镜、水杯、卫生纸等日常生活用品。根据实习计划，学生应准备适量生活费用，但不要携带大量现金。为了方便出行、住宿，学生必须携带身份证和学生证。同时为了能更好地掌握所学知识、技能，学生应以小组为单位配备必要的参考书籍。

五、实习保障

1. 组织保障

有效的组织是保障实习顺利进行的重要前提。在实习工作开展之初，学院分管教学副院长担任组长的实习领导小组成立，负责实习过程中的协调工作，主要包括实习区域的选择、责任分工、政府衔接、实习动员、安全保障、成果评奖等。

2. 人员保障

人员配备是实习顺利进行的重要基础。首先，每个小组都必须配备指导教师，尤其是具有相关规划实战经验的教师；其次，还须配备后勤保障人员，负责车辆调配、饮食与住宿安排等。

3. 时间保障

规划实习旨在提高学生的实践能力，是一项综合、系统的实习任务，涉及实习区的诸多要素，因此，学生需要足够的时间在实习区进行现场调研，同时还要为室内资料分析、专题研究、规划方案编制、规划制图等提供更多的时间。一般情况下，规划实习要保证 2~3 周的教学时间。

4. 经费保障

规划实习要有必要的经费支撑，单靠学校不分专业设置的统一实习经费标准是远远不够的，因涉及的实习任务重、时间长、距离远等特点，学校和学院两级部门要针对该专业的特殊性给予积极的经费支持。

第四节　规划实习报告的编写与评价

一、实习资料的整理

1. 文字资料的整理

规划实习收集的资料较多，面对复杂多样的资料，学生首先要对文字资料进行分类整理。第一类是实习区域的基础资料，包括自然资源、地理环境、社会经济等；第二类是实习区域各类相关规划及其上位规划资料；第三类是调查问卷与访谈交流资料，主要包括调查问卷的统计和初步分析及政府部门的座谈会以及其他现场交流笔记资料等。对于文字资料，学生应在初步阅读的基础上做适当筛选，筛选的主要目的在于“去伪存真”“由表及里”，应结合实际情况进行“去粗取精”“去伪存真”的综合分析研究，将零散内容条理化，修改记录有误的地方，保留有参考价值的资料，并做初步分析。

2. 数据和图像的整理

数据和图像资料是规划实习的核心部分，主要包括实习区的地形数据、土地利用数据、遥感数据、生态环境数据等以及各类相关规划数据，同时还包括纸质图件和实地拍摄的影像资料、地形图上临时标示的数据等。总之，学生要对实习中收集到各类图形数据和现场勘查的各项数据进行统计和分析，需要将这些图加上图例、图示、绘制者等辅助信息，使其更加规范化，为综合分析做好准备。

3. 资料清单汇编

学生应对所整理的各类文字资料、数据和图像等资料进行统一编号整理并建档，为下一步开展资料综合分析、专题研究以及规划方案的编制等提供工作支撑。同时，以上资料在完成规划方案编制后统一提交实习指导小组保存，学生对于部分保密资料要做到不外传、勿共享至网络。

二、实习报告的编写

规划实习报告一般分为四部分：

（1）题目，即报告主题，是实习报告的核心。

（2）引言，包括实习目的、时间、人员、实习区域概况等基本内容。

（3）正文，即规划方案。以某规划的规范说明书作为实习报告的正文内容，包括规划的背景、依据、基础分析、规划内容、保障措施等，并附规范的图件成果与规划实习区基础资料汇编。

（4）总结，包括提炼规划方案的主要观点；总结对某一规划的认识与感悟；提出实习过程中的新发现、新见解；归纳经验与教训；提出存在的问题及对今后实习的建议。

三、实习成绩的评定

规划实习的成绩评定，要围绕学生自主学习和能力培养而展开。教师建立室内与室外规划实习成绩评价体系，通过对实习过程的动态监测与综合考核，全面评价学生实习工作的能力与实习效果。

（一）评价原则

1. 过程与结果并重

关注过程可以帮助学生在实习过程中形成积极的学习态度、科学的探究精神和团队合作精神；使得学生注重对规划的理解，并把实习过程中的亲身体验形成现实规划中的价值取向。教师应以提高学生综合实践能力、促进学生全面发展为导向，将关注过程的形成性评价与关注结果的终结性评价结合起来。

2. 教师评价与学生自评相结合

规划实习无论时间长短，学生在实习过程中不但专业实践能力有很大提高，而且学生会有诸多心得体会、情感体验。学生进行自我评价，提升了其主体地位，并得到了更多自我反思、自我教育和自我发展的机会。教师对照实习任务和目标对学生进行及时评价，并把信息返回给学生，这样才能达到评价的真正目的，做到及时纠错、扬长避短。

3. 定性与定量相结合

实习中对于学生的实习成果、工作数量、出勤情况等，教师可以量化考核，但对于学生的态度、表现、主动性、创造性等方面则宜用定性评价，这样才能尽可能做到评价的客观性和全面性。

4. 小组实习成绩与个人实习成绩相结合

规划实习一般都以小组为单位展开活动，因此教师评价必须集小组成绩与个人成绩于一体，可以使学生在小组内加强合作，培养合作意识与责任感，提高自觉性和主观能动性。同时，自发形成的组间竞争也会促使学生自我约束，较好地完成实习任务。

（二）评价内容

1. 过程评价

在规划实习过程中，无论是室内工作阶段还是实地调研阶段，尤其是在现场勘查、访谈与问卷过程中，教师要深入到学生中间进行现场检查。教师一方面对学生进行引导和帮助，另一方面时刻注意学生在实习中的表现。教师根据了解的情况，对学生的实习态度、所学知识与技能的应用情况、获取信息及处理信息的能力，以及发现问题、分析问题与解决问题的能力等方面给予学生及时的评价和反馈。

2. 成果评价

（1）问卷调查报告、专题研究报告评价。问卷调查报告、专题研究报告是规划方案编制的基础。一方面，学生需要对收集到的调查问卷、访谈交流内容等进行整理分析并得出结论；另一方面，对于规划实习区中的某些重要问题，要进行专题研究。

规划实习评价体系见表 1.1，规划实习评价评分标准见表 1.2。

表 1.1　**规划实习评价体系**

评价内容	评价目标		
	专业理论运用能力	专业基本技能	综合素质与能力
小组室内准备情况、实地调研与资料收集情况、问卷调查报告、专题研究报告、规划方案说明书、图件成果、实习小组成果汇等	自然地理、人文地理、城市地理学、区域分析与区域规划、城市规划、乡村规划、旅游规划、道路交通规划、历史文化遗产保护、绿地系统与景观规划、环境保护规划等相关理论	小组实习方案设计能力、调查访问的基本方法与技巧、现场观测能力、地形图的填绘能力、GPS 的定位能力、遥感图像辨别与解译能力、AutoCAD 与 Photoshop 制图能力、计算机及现代网络技术应用能力等	社会交际与沟通能力、组织协调能力、团队合作精神、信息处理能力、语言表达能力、逻辑思维能力、心理承受能力、突发事件应变能力等

表 1.2 规划实习评价评分标准

评价内容	评价指标	分值
过程评价（40%）	实习小组工作计划及室内准备情况	5
	实地调研与资料收集	5
	动手能力及实践操作能力强	5
	获取、处理信息能力，创新意识	5
	团结协作的意识，实习态度，表现出良好的意志品质	5
	所学相关理论、技能应用能力；发现问题、分析问题、解决问题的能力	10
成果评价（60%）	问卷调查报告、专题研究报告	15
	规划方案及相关图件成果	40
	实习总结及实习汇报评	10

（2）规划方案及相关图件成果评价。规划方案及相关图件成果是实习成果的核心内容，指导教师对成果进行检查，全面了解学生对基础知识、专业理论、专业技能等的运用能力，对规划的理解能力，以及方案编制规范性、系统性及可行性的把控等是否达到了实习的要求。

（3）实习总结及实习汇报。规划方案汇报是展现实习成果非常重要的环节，教师对规划方案的认可度很大程度上取决于规划方案答辩的内容与直观展示形式。因此，指导教师要根据学生回答问题的正确性、完整性、严密性、反应速度、表达能力、基本概念的清晰程度以及规划成果的展示形式等给予打分评价。同时，学生对实习中的收获和心得体会以及对实习中的不足进行自我评价和反思，并向老师和全体学生汇报，以达到相互交流、相互学习和相互促进的目的。

3. 成绩评价

实习成绩宜采用优、良、中、及格、不及格五个等级。指导教师根据学生实习中的表现及实习成果的评定，对每一项指标进行打分，评定出实习小组与个人的实习等级：优秀（90~100 分）、良好（80~89 分）、中等（70~79 分）、及格（60~69 分）、不及格（60 分以下）。同时要求，若实习小组成绩在中等以下的，该小组成员个人成绩不能为优秀。

第二章　规划实习的基本方法

第一节　规划实习的室外调研方法

实地调研是规划实习最基础的工作，是获得规划区一手资料的主要途径，实地调研工作的扎实程度，直接影响到规划成果的质量。实地调研方法主要有观察记录法、问卷调查法及访谈法等。

一、观察记录法

（一）观察记录的主要内容

观察记录法是实地调研的主要方法之一。调查者要对规划对象的位置、大小、范围、内部结构等特点进行现场认知和观察记录。例如，在进行城市总体规划时，调研者要对市域的空间结构、主要空间节点、主要交通线路、主导产业布局等特征，以及中心城区的城市空间结构、城市景观、道路结构、居住用地、工业用地等各类用地的现状特点进行现场观察记录；在进行乡村总体规划时，调研者要对村庄的风貌与脉络、道路结构、公共设施、居住环境、农耕条件等进行观察记录；

在进行旅游规划时，调研者要对规划区的旅游资源的分布、数量、形态、结构、品质以及旅游服务设施的现状等特点进行记录。

观察法可以说是室外调研中最直接的方式。实地调研沿途考察速度快，直观性强，调研者可以通过观察记录实习区的自然环境、社会经济等各方面的变化，了解实习区的空间差异。该方法能培养学生发现问题并予以综合分析的能力。观察法分为宏观的整体观察和微观的个体观察等形式。

（二）观察记录法的主要形式

在实地调研过程中，调研者对规划区典型的“点线面”需要观察的内容很多，要把观察到的内容及时记录下来。这就要求学生在出发前须确定此次调研目的和主要观察对象，做好相应的前期准备工作，如对将要记录的内容进行分类、设计相应的记录表格等，以真实、完整、快速地记录下沿途观察到的主要区域现象。主要的记录方法有：

1. 描述法

对规划实习区所观察的事物的科学描述，反映了观察者对被观察事物的认识程度，而掌握正确的事物描述方法则是我们进行科学描述的前提。学生对规划实习区事物的描述要注意全面、完整，一般涉及事物的自然区位、地形地貌、发展历史、体量、结构、形态、品质、业态、现有设施及附着物等。

2. 地图标示法

规划实习实地调研的最主要目的之一是建立规划对象的空间概念，通过实地调研，学生要对规划区的区位、地形地貌、道路结构、发展演变等，以典型的“点线面”为载体建立空间分布格局。对于空间概念的建立，在调研过程中往往采取地图填充法，这一方法主要以调研小组为单位，事先根据不同类型的规划，准备规划实习区 1：500~1：2 000 或 1：5 000~1：25 000 的地形图，学生要对规划实习区典型的事物在地形图上进行勾绘、标注及填充，调研结束后进行信息整理，形成完整的规划区空间信息数据库。

3. 影像法

在规划实习调研过程中，现场摄影、录像、素描和草图的绘制，可以更完整、更生动和更直接地对规划实习区的现场概况进行记录。特别是图、声、影结合的室外信息记录形式，已经成为室外调研工作的主要方式，尤其是便携式的室外摄录像一体机、便携式室外图形工作站、无人机等越来越成为室外影像法更加方便、快捷、全面地记录第一手资料的高科技手段，可以为后期室内规划方案的编制提供足够的信息资料。

二、问卷调查法

问卷调查方法是社会科学研究者在室外获取资料的重要方法之一，也是规划工作经常采用的重要调研方法。问卷调查方法是指调查者通过统一设计的问卷向被调查者了解情况、征询意见的一种资料收集方法。

（一）问卷分类

问卷主要分为封闭式问卷、半开放式问卷和开放式问卷。封闭式问卷由调查者设计好，然后由被调查者填写，或由调查者询问被调查者后帮助填写，后一种填写形式在室外常用，这样可以提高工作效率、提高填写准确性。半开放或开放式问卷一般是有大致的问题指向，没有具体的回答分类项，由被调查者根据自己的认识和经验来回答。

（二）问卷设计

1. 问卷标题

问卷标题应向被调查者简明扼要地展示调查内容。

2. 被调查者权益保护的简要说明

被调查者权益保护的简要说明包括调查者身份的展示，以确定可信度；调查数据的使用目的；调查数据使用对被调查者隐私的保护等。

3. 被调查者的属性

被调查者属性通常包括性别、年龄、职业、受教育程度、收入等。但是对于区域规划研究来说，需要有刻画这些被调查者空间属性的调查项，例如，居住地、工作地或者其活动的空间属性项。

4. 问卷核心调查项

调研者要根据研究设计的技术路线，确定调查主要问题类型。例如，影响购物空间行为的因素包括经济因素和社会文化因素两大类，我们又可以将两类因素具体化为调查项。例如，经济因素可以分解为价格因素、性价比因素等；社会文化因素可以分解为消费习惯、宗教禁忌等。

调查问卷的分解是对问卷设计人智力和经验的挑战，好的分解具有以下具体特征：①可以与其他相关调查研究的指标建立对应关系，从而使得本研究的学术根基更深厚。②可以与文献资料建立起关联关系。通常统计年鉴具有层次性、系统性和完整性，而调查问卷的动态性可弥补文献资料的不足。③可以使得调查项具有人群区分度，而不是所有的调查都将指向一个结果。④调查项批次不重叠、不矛盾。⑤调查项在数据分析框架中应有具体的位置，否则就成为对后续分析无效的调查项。⑥文字表达通俗、简明、准确、友好。切记不用被调查者不熟悉的学术术语，也不用蔑视、歧视、敏感的话题。将学术抽象定义转化为可视公众理解的“操作定义”也是一个创新的工作，也能体现设计人的智力和经验差别。

5. 明确定性问题或定量问题

当调查需要进行后期统计计算时，往往要求有定量的调查项。第一种定量的调查项是 5 点量表、7 点量表，它们可以将被调查者对某个事物的判断等级从好到坏、从高到低刻画出来。人们又称之为顺序量表、重要性量表等。

第二种定量的调查项是对比表。这种调查项主要针对对比研究来设计。

第三种定量的调查项是数据段选择。例如，家庭收入的层次。这样的分段切记不能过于主观，需要有事前的基本调查，否则会出现调查者之间的差别体现不出来等问题。

定性的问题也常常是必要的，因为它可以突破研究者经验的局限，即便具有丰富经验的研究者也不可能在室内将所有方面考虑全面，开放式的定性问题也是非常必要的。还有一种调查问题是剔除回答者认识含混的问题，调查者在问卷不同位置将同样指向的调查项以正反两方面提问，如果发现被调查者回答有出入，就说明调查者对问题没有清晰的感知，也可以剔除一些不认真的被调查者。

6. 要有简单且诚挚的致谢语

同时，如果时间允许，室外调研严格意义上需要首先有一个检验性的问卷调查，即调查者在实际调查地点对问卷设计的适用性进行检验，以剔除没有意义的“废”调查项。

三、交流访谈法

访谈法，也称访问调查法，就是访问者通过口头交谈等方式直接向被访问者了解社会情况或探讨社会问题的调查方法。

（一）访谈的类型

以访问调查内容为划分标准，访谈可以分为标准化访谈和非标准化访谈；以访谈调查方式，访谈可以划分为直接访谈和间接访谈；以访谈对象人数，访谈可以划分为个体访谈和集体访谈；以访谈的深度，访谈可以划分为一般性访谈和深度访谈。实际运用的访谈可能会具有不同分类的组合属性，例如某访谈既是深度访谈、非标准化访谈，也是个体访谈。

1. 标准化访谈

标准化访谈也称结构性访谈，就是调研者按照统一设计的、有一定结构的问卷所进行的访问。这种访问的特点是：选择访问对象的标准和方法，访谈中提出的问题、提出的方式和顺序，以及对被访问者回答的记录方式等都是统一设计的，甚至访谈的时间、地点、周围环境等外部条件，也力求保持基本一致。标准化访谈的最大好处是，便于对访问结果进行统计和定量分析，便于对不同被访问者的回答进行对比研究。但是，这种访问法缺乏弹性，难以灵活反映复杂多变的社会现象，难以对社会问题进行深入探讨，同时也不利于充分发挥访问者和被访问者的积极性、主动性。

2. 非标准化访谈

非标准化访谈也称非结构性访谈，就是调研者按照一定调查目的和一个粗线条调查提纲进行的访谈。这种访谈法对访谈对象的选择和访谈中所要询问的问题有一个基本要求，但可根据访谈时的实际情况做必要调整。非标准化访谈有利于充分发挥访问者和被访问者的主动性、创造性，有利于适应千变万化的客观情况，有利于调查原设计方案中没有考虑到的新情况、新问题，有利于对社会问题进行深入的探讨。但是，这种方法对访谈者的要求较高，难以对访问调查的结果进行定量分析。

3. 直接访谈

直接访谈就是访问者与被访问者进行面对面的访谈。这种访问法又可分为“走出去”和“请进来”两种具体方式。“走出去”就是访问者走到被访问者中间去，就地进行访问；“请进来”就是访问者将被访问者请到访问者安排的地方来，然后再进行访问。

4. 间接访谈

间接访谈就是访问者通过电话、网络，发放书面问卷等中介形式对被访问者进行访问。传统的电话访问就是访问者按照样本名单，选择一个调查者，拨通电话，询问一系列的问题。在发达国家，特别是在美国，集中在某一中心地方进行的计算机辅助电话访问比传统的电话访问更为普遍。

5. 深度访谈

深度访谈是一种无结构、直接的、个人的访谈。在访问过程中，一个掌握高级技巧的调查员深入地访问一个被调查者，以揭示对某一问题的潜在动机、信念、态度和感情。比较常用的深度访谈技术主要有三种：阶梯前进、隐蔽问题寻求以及象征性分析。深度访谈主要也是用于获取对问题的理解和深层次了解的探索性研究。

（二）个体访谈法中的技巧

1. 接近被访问者的技巧

接近被访问者的第一个问题是如何称呼的问题。称呼恰当，就为访问者接近被访问者开了一个好头；称呼不当，就会闹笑话，甚至引起对方的反感，影响访问的正常进行。接近被访问者大体上有几种可供选择的方式：①自然接近，即访问者在某种共同活动过程中接近对方。这种接近方式，访问者有心，而被访问者无意，它有利于消除对方的紧张、戒备心理，有利于在对方不知不觉中了解到许多情况。但是，访问者在公开说明来意之前，很难进行深入系统的访谈。②求同接近，即在访问者寻求与被访问者的共同语言中接近对方。③友好接近，即访问者从关怀、帮助被访问者入手来联络感情、建立信任。④正面接近，即访问者开门见山，先进行自我介绍，说明调查目的、意义和内容，然后做正式访谈。这种方式，有些简单、生硬，但可节省时间、提高效率。在被访问者没有什么顾虑的情况下，访问者一般可采用这种方式。⑤隐藏接近，即访问者以某种伪装的身份、目的接近对方，并在对方没有觉察的情况下访谈。这种接近方式，一般只有特殊情况下、对特殊对象才采用。访问者滥用隐藏接近方式，难免有违社会公德之嫌，甚至有可能引起严重的社会、法律问题。

2. 提问的技巧

访谈过程中提出的问题，可分为两大类，即实质性问题和功能性问题。所谓实质性问题，是指访问者为了掌握访问调查所要了解的情况而提出的问题。它大体上可分为四类：事实方面的问题，行为方面的问题，观念方面的问题，感情、态度方面的问题。所谓功能性问题，是指访问者在访谈过程中为了对被访问者施加某种影响而提出的问题。它也可分为四类：①接触性问题。访问者提出这些问题的目的，不是为了了解这些问题本身，而是为了比较自然地接触被访问者。②试探性问题。访问者提出这些问题是为了试探一下，看访谈对象和时间的选择是否恰当，以便决定访谈是否进行和如何进行。③过渡性问题。有了过渡性问题，访谈过程就会显得比较连贯和自然。④检验性问题。访问者提出一个问题的目的，是为了检验前一个问题的回答是否真实、可靠。

3. 边听边思考

访谈过程中，访问者应该有效地“听”。它大体上包括三个步骤：①接收和捕捉信息，即访问者认真听取被访问者的口头回答，积极主动捕捉一切有用的信息，包括各种语言信息和非语言信息。②理解和处理信息，即访问者正确理解接收、捕捉到的信息，及时做出判断或评价，舍弃无用信息，保留有用信息和存疑信息。③记忆或做出反应，即访问者记忆有用信息，并考虑对被访问者的回答，特别是对其中存疑信息做出何种反应。

4. 学会引导和追询

访问者在访谈过程除了提出问题和听取回答外，有时还需要引导和追询。一般来说，当被访问者对所提出问题理解不正确，答非所问的时候；当被访问者顾虑重重、吞吞吐吐、欲言又止的时候；当被访问者口若悬河、滔滔不绝，而又不着边际、离题太远的时候；当访谈过程被迫中断、又重新开始的时候……总之，当访谈遇到障碍不能顺利进行下去或偏离原计划的时候，访问者就应及时引导。追询不同于提问，也不同于引导。正面追询指访问者对回答不真实、不具体、不准确、不完整的地方，请对方补充；侧面追询即调换一个角度、一个提法问相同的问题。追询有系统追询，即何时、何地、何人、何事、何因、何果等；有反感追询，即“激将”追询，看看在这种情况下对方有何表现。追询一定要适当、适时、适度。

5. 访谈结束的礼数

访谈结束应该注意两个问题：一是要适可而止，即每次访谈时间不宜过长，一般以一两个小时为宜，特殊情况则灵活掌握，访谈必须在良好氛围中进行。二是要善始善终，即访问者要在访谈结束时表示感谢，即真诚感谢被访问者对调查工作的支持与帮助。

第二节 规划实习的室内工作方法

规划实习的实地调研需要花费大量的时间与精力，其目的是为室内的规划方案编制提供大量的依据。实地调研结束后将进入室内工作，其主要任务是调研者对所收集到的资料进行分析，开展专题研究与规划方案的编制。室内工作主要有以下方法：

一、定性分析

定性分析是社会科学研究的主要方法之一，以相关专业理论以及学科前沿为依据，结合具体事物探讨其发展、演变及趋势，同时分析其发展过程中可能出现的障碍，以及如何去规避或解决这些障碍。常用的定性分析方法有以下几种：

1. 因果分析法

因果性是自然界现象之间普遍的和基本的联系，因果分析法是对引起某一现象变化原因的分析，主要解决“为什么”的问题。规划实习过程中调研者需要分析区域的自然、经济及社会等诸多因素，找出诸要素相互之间的因果关系。如：调研者在分析旅游形象主题定位时，需要对规划区旅游资源的特色进行深入分析；在对旅游路线进行规划设计时，需要对旅游资源的空间分布进行分析；在确定城市性质时，需要对城市功能、自然环境及社会经济等进行分析。

2. 比较分析法

比较法是认识事物的一种基本方法，调研者通过观察与分析，找出研究对象的相同点和不同点。对一些难以定量分析但又必须量化的问题，调研者常常采用比较法。如：确定新区或新城的各类用地指标可参照相近的同类已建城市的指标；控规中确定城市用地的开发强度可以参照周边已开发的城市地块；旅游资源的开发模式可以参考同类旅游资源的成功案例等。

3. SWOT 分析法

SWOT 是一种战略分析方法，调研者通过对被分析对象的优势、劣势、机会和威胁等加以综合评估与分析，通过对内部资源、外部环境有机结合来确定被分析对象的资源优势和缺陷，了解所面临的机会和挑战，从而在战略与战术两个层面加以调整，以实现所要达到的目标。例如，在区域旅游规划中，调研者对于旅游产业发展的环境分析是规划工作的重点内容，往往采取 SWOT 进行分析，以确定其发展目标、方向以及目标市场等。

二、定量分析

定量分析是社会科学研究中经常采用的方法，调研者通过采用大量的数据，并结合一定的数学模型，科学准确地揭示事物的发展规律、所处的地位与状态等。

1. 频数和频率分析

频数分布，又称“次数”，指变量值中代表某种特征的数（标志值）出现的次数，一般以频数分布表的形式表达。在规划调研过程中，调查所得数据的分布状况，经常采用频数分布来分析，例如人均居住面积一般是按照一个区间来统计的。

频率分布是指一组数据中不同取值的频数相对于总数的比率分布情况，一般以百分比的形式来表达。例如，调研者在对规划区人口老龄化进行分析时，计算 65 岁以上人口的比例。

2. 回归分析

回归分析就是对相关关系进行函数处理，其中一个因素为控制因素即自变量，另一个为预测因素即因变量，主要用于对事物变化的预测。回归分析包括一元线性回归分析和多元线性回归分析。一元线性回归分析是利用两个要素之间的相关关系构造数学模型，多元线性回归分析是对多个要素之间的相关关系构造数学模型。例如，在城市总体规划中，城市规划期末的人口预测、景区游客预测等都可以采用回归分析的方法。

3. 层次分析法

层次分析法，是指将一个复杂的多目标决策问题作为一个系统，将目标分解为多个目标或准则，进而分解为多指标（或准则、约束）的若干层次，通过定性指标模糊量化方法算出层次单排序（权数）和总排序，以作为目标（多指标）、多方案优化决策的系统方法。层次分析法在规划区时间序列上的综合评价、城镇体系发展评价和城市生态环境评价等方面有较多的运用。

4. 主成分分析法

主成分分析法是考察多个变量间相关性的一种多元统计方法，研究如何通过少数几个主成分来揭示多个变量间的内部结构，即从原始变量中导出少数几个主成分，使它们尽可能多地保留原始变量的信息。例如，在城乡规划中，调研者对城市人居环境的评价，在错综复杂的诸多因素当中，利用主成分分析方法选出尽可能多地保留原始变量的信息的主要因素进行分析。

5. 聚类分析法

聚类分析是指将物理或抽象对象的集合分组为由类似的对象组成的多个类的分析过程。在规划方案的编制中，该方法常常用于各种地理要素分类及城市空间的社会属性划分等方面。

6. 投入产出分析法

投入产出分析是研究经济系统各个部分间表现为投入与产出的相互依存关系的经济数量方法。在规划方案的编制中，该方法常常用于产业部门及区域间的相互作用分析。

7. 分形理论

分形理论是用分数维度的视角和数学方法描述和研究客观事物，也就是用分形分维的数学工具来描述研究客观事物。该方法应用于城镇体系规划中城镇规模结构与空间结构分析及道路规划中道路的空间分布分析。

8. 线性规划法

线性规划是决策系统的静态最优化数学方法之一，是解决多变量最优决策的方法，是在各种相互关联的多变量约束条件下，解决或规划一个对象的线性目标函数最优的方法。即人们如何应用一定数量的人力、物力和资源，得到最大的经济效益。该方法在区域主导产业的选择、城市用地结构调整以及交通方式安排和交通设施选择中应用较多。

三、模型分析

规划中各个物质因素都在空间上占据一定的位置，形成错综复杂的相互关系。除了用数学模型，文字说明表达外，规划工作还可以用空间模型的方法来表达。

1. 实体模型——两种表达

实体模型即用实物和图纸表达，例如用投影法画的平面图、剖面图、立面图，表达方法有其规范的要求，主要用于规划管理和实施。而用透视法画的透视图、鸟瞰图等，主要用于表达规划的效果。

2. 概念模型——一般用图纸表达，主要用于分析和比较

（1）几何图形法。几何图形法是指用不同色彩的圆形、环形、矩形、线条等几何图形在平面图上强调空间要素的特点与联系。该方法常用于功能结构分析、交通分析、环境绿化分析等。

（2）等值线法。等值线法是指根据某因素空间连续变化的情况，按一定的值差，将同值的相邻点用线条连接起来。该方法常用于单一因素的空间变化分析。如用于地形分析，用于交通规划的可达性分析，用于环境评价的大气污染和噪声分析。

（3）方格网法。方格网法是指根据精度要求将研究区域划分为方格网，将每一个方格网的被分析因素的值用规定的方法表示（如颜色、数字、线条等）。该方法常用于环境、人口的空间分布。此法可以多层叠加，常用于综合评价。

（4）图表法。图表法是指在地形图（地图）上相应的位置用玫瑰图、直方图、折线图、饼图等表示各因素的值。该方法常用于区域经济、社会等多种因素的比较分析。

四、技术手段

现代信息技术的发展，使其在规划领域的应用越来越广泛，这从根本上改变了规划工作的广度、深度以及效率。信息技术主要包括因特网（Internet）技术、3S 技术（RS、GPS、GIS）、数字化野外测量技术、CAD 制图技术、虚拟现实技术等。

1. 因特网技术

因特网技术主要改变了规划中规划师与社会公众的信息交流与反馈的方式。在规划方案编制过程中，规划者可以方便地通过因特网进行静态和动态的信息交流，尤其是交互式双向信息传输，使得信息交流可以跨越空间甚至时间限制。同时，在规划方案编制中，规划者充分利用网络资源，不仅可以借鉴诸多的规划理念，也可以从中甄选有参考的范例，还便于了解社会公众的诉求。

2. GIS 与 CAD 技术

规划主要是解决空间上的问题，在空间分析及规划布局中，规划者利用 GIS 与 CAD 技术可以构造与现实地理空间对应的虚拟地理信息空间，并可以用数字模型对现实地理空间的现象和过程进行模拟、仿真与预测。利用 GIS 技术建立的城市空间基础数据库和各种专题数据库（如人口、交通、地下管理线等）使规划中所需的信息数字化；规划者利用 CAD 技术主要是实现规划制图及成果输出等。

3. 虚拟现实技术

虚拟现实技术是人们借助于各种设备感觉信息空间所反映的现实世界，使规划设计成果的三维动态建模更加方便，设计成果更加形象和直观，更为形象生动地表现信息世界中所反映的现实世界。规划者利用 GIS 空间技术和 3Dmax 数据导出模块，可实现规划成果的可视化和动态化。

第三章　实习区综合概况

依据规划实习区域选择的要求和原则，本教程以重庆市铜梁区为规划实习教学案例，设计了“总规—评规—专规”三个层面的规划实习教学内容，即城市总体规划、乡村总体规划、控制性详细规划、旅游规划、道路系统规划、城市绿地系统规划以及古镇保护规划等实习。本章主要对规划实习区的综合概况进行介绍。

第一节　自然地理与资源概况

一、自然地理

（一）地理位置

如图 3.1 所示，铜梁区位于重庆市西北部、四川盆地东南沉降褶皱带，地处渝西与川东平行岭谷过渡地带。铜梁地跨东经 1 05°46′22″至 106°16′40″、北纬 29°31′10″至 30°5′55″之间，东与璧山接壤，西与大足毗邻，南接永川，北连潼南、合川。渝遂高速公路自东南向西北贯境而过，距重庆主城仅半小时车程，距成都

200 千米，距渝怀铁路火车站 15 千米，距重庆机场 65 千米，距长江集装箱码头 60 千米。5 条出境公路全长 157.5 千米，全区已经形成 30 分钟重庆、50 分钟城区快捷交通网络，是川渝两地的交通枢纽，是重庆规划发展的重要产业承接地。铜梁为重庆市近郊，水陆交通方便，全区通航河流 3 段，年货运量 48 万吨；公路运输可四通八达，319 国道纵贯南北，铜（梁）—大（足）路、铜（梁）—合（川）路、铜（梁）—永（川）路纵横交错。

图 3.1　铜梁区在重庆的位置

（二）地形地貌

全区地势西北低、东南高，东南部为狭长的低山——毓青山、巴岳山（俗称东、西山），两山顶部，各有石灰岩形成的溶蚀槽谷，成“一山两岭一槽”地貌，两山之间则为开阔的浅丘宽谷地貌；境内西北部丘堡林立，而琼江、小安溪及其支流淮远河等河流透迤流过县境，将两岸切割成无数的浅丘带坝地形；从而构成了铜梁区山—丘陵—平坝兼备的地貌景观，以丘陵为主，丘陵占 83.7%，低山槽谷占 15.4%，河谷阶地占 0.9%。全区最低海拔为 185 米，为永清乡永清村张家坝，最高海拔为902米，在永嘉镇樊家垭口。

（三）气象条件

铜梁区气候相对稳定，属四川盆地亚热带季风湿润气候区，气候温和，四季分明，雨量充沛、旱涝明显，无霜期长，霜雪极少。铜梁区多年平均气温为17.8℃，年平均相对空气湿度为82%，无霜期全年有325天，年降雨量为1 066.1毫米，年平均日照时数为1 224.1小时。这种气候对本区域植物生长无大灾害。

二、自然资源

（一）矿产资源

境内有锶矿、铁矿、重晶石、石灰石、煤及煤矸石、石英砂矿、白云岩、咸水岩、耐火黏土材料、石油、天然气及医疗矿泉水等多种资源，如表3.1所示。铜梁区有可供开采煤炭的地质储量2 306万吨，境内还有得天独厚的地下矿产资源——天青石，全区天青石储量在200万吨以上，平均含锶品位75%，其储量和品位在全国目前发现的四个锶矿中名列前茅，开采价值极高，其产品具有十分广泛的用途和很高的经济价值。铁矿储量约为50万吨，含铁品位为30%～40%。重晶石分布于巴岳山与西温泉山，已知储量约为1吨，矿石量好、易采炼。

表3.1　　主要矿产资源一览表

序号	矿藏名称	分布（区、镇、乡）	储量	年开采量
1	锶矿（天青石）	主桥—围龙	700万吨	25万吨
2	煤矿	16个乡镇	约3 000万吨	30万吨
3	页岩	全区	30亿吨	20万吨

（二）生物资源

全区现有林木资源58种，其中用材林45种，竹类12种，以及藤本植物、果树、中药材、草本植物灌丛等。地域内自然植被有阔叶林、针叶林、竹林、灌木丛和草坡五种主要类型，其中亚热带常绿阔叶林是主要植被类型。竹林是县内重要的资源，面积为 7.54 万亩（1 亩≈666.67 平方米），共有 20 多个竹种，主要分布于西温泉山、巴岳山山地及河溪两岸。植被系亚热带偏湿性常绿针阔混交林带，林木覆盖率为 30.06%，森林覆盖率 24.3%，这对开发森林旅游资源，提高林业经济效益具有重要作用。

（三）土地资源

受地形地貌、气候、水质、水文等影响，全区土壤发育有 4 个土类，6 个亚类，18 个土属，88 个土种，其中水稻土占耕地的 76.86%，紫色土占 20.07%，黄壤占 2.58%，潮土占 0.49%。潮土分布于涪江两岸；在广阔的浅缓丘—中丘地带，大面积分布着侏罗系沙溪庙发育的灰棕紫色土及其水稻土属，占全区农业土壤的 60.9%，由于其分布地区气候条件优越，人口集中，土壤肥沃，适宜性广，土地利用率和生产率高，是全区主要的农业土壤；在境内西部，分布着占农业土壤 24.7%的红棕紫色土及其水稻土，由于所处地势平坦，光、温、水条件好，开发早，熟化程度高、土层深厚，土壤肥力水平高，故粮油种植面积大，其粮食总产在全区举足轻重，但是因为排水不畅，土壤质地黏重，pH 呈微碱性，利用率不是很高；在两山，由于海拔的升高，水热条件变劣，引起土壤黄化酸化，这种土壤不利于粮食作物生长，但十分适宜林木、茶叶生长，故多为林用地，茶园也多分布其间。在两山背斜溶蚀槽谷盆地，土壤为矿子黄泥土，由于地势平坦，分布连片，这种土壤遂成山区农业的“当家土壤”；在两山山麓环带状分布的深中丘区，土壤为暗紫泥土及其水稻土属，是全区肥力水平最高的土壤，但是由于其地处深丘，日照欠佳，从而限制了其生产力。人均土地面积为 0.16 公顷（1 公顷 = 10 000 平方米），只有全国人均土地面积的 1/5，人均耕地面积仅为 0.08 公顷（统计数为 0.059 公顷），属人多地少、耕地紧缺的区县。铜梁区土地利用规划结构（2012 年）如表 3.2 所示。

表 3.2　　铜梁区土地利用规划结构表（2012 年）　　单位：公顷

地类		面积	比重（%）
土地总面积		134 250.75	100.00
农用地	耕地	61 770.00	46.01
	园地	8 219.12	6.12
	林地	19 559.60	14.57
	牧草地	20.00	0.01
	其他农用地	22 236.53	16.56
	农用地合计	111 805.25	83.28
建设用地	城镇建设用地	2 373.93	1.77
	农村居民点	13 292.07	9.90
	采矿用地	99.41	0.07
	独立建设用地	34.59	0.03
	交通水利用地	2 059.97	1.53
	其他建设用地	230.03	0.17
	建设用地合计	18 090.00	13.47
其他土地	水域	2 744.82	2.04
	自然保留地	1 610.67	1.20
	其他土地合计	4 355.49	3.24

（四）水利资源

区内主要有涪江、琼江（又名大安溪）、小安溪、平滩河、久远河和淮远河六条主要河流，简称“一江两溪三河”，以及大小支流 245 条，属嘉陵江流域，总属长江流域。铜梁区多年平均地表水资源量为 4.88 亿立方米，地下水资源量为 5 925 万立方米，过境水资源量为 197.12 亿立方米。境内水资源总量为 194.12 亿立方米，其中当地地表水年径流总量为 4.84 亿立方米，过境地表水总量为 189.28 亿立方米，地下水总储量为 232 亿立方米。水资源虽然丰富，但开发利用率很低，按 P=75%计算，可用于灌溉农田的可利用水量为 30.09 亿立方米，占水资源总量的 16%。全区农业用水主要以利用工程拦蓄地表径流为主，占全区农业总用水量的 62.2%，利用过境地表水占 33.2%，利用地下水占 4.4%，由于工程不完善及分布不均等，工程可供水量为0.998 9亿立方米，占蓄引堤总水量1.674亿立方米的59.7%。水利供需平衡结果表明：水资源的供需矛盾突出，其原因是现有工程可供水量极为有限，水资源分布不均，利用“一江两溪”外来水资源少而难等。水资源状况如表3.3所示。

表3.3　　水资源状况

序号	河流名称	理论蕴藏量（万千瓦）	已开发量	
			梯级	装机容量(万千瓦)
1	小安溪	0.87	14	0.734
2	久远河	0.042 7	3	0.020 5
3	淮远河	0.071 8	3	0.048 8
4	平滩河	0.060 5	4	0.038 5

（五）旅游资源

1. 铜梁文化

铜梁历史悠久，源远流长。1976年出土的旧石器和1 000件动植物化石，代表了新的区域性文化，被命名为“铜梁文化”。研究表明，铜梁旧石器遗址对四川盆地第四纪地层及国内旧石器文化与巴蜀文化的研究具有重要作用，“铜梁文化”遗迹是重庆市域内人类历史活动的最早痕迹。

2. 铜梁龙文化

铜梁龙分为大龙、正龙、蛟龙、二龙、板凳龙、黄荆龙、草把龙等。铜梁龙气势磅礴，负有盛名，曾在国内国际舞台大赛中荣获大奖，成为铜梁地方文化艺术中的璀璨明珠。

3. 文物古迹

铜梁文化底蕴深厚，拥有不可移动文物506处，铜梁博物馆现有馆藏文物1万余件，拥有的非物质文化遗产名录多达48项。铜梁全境内存有南北朝以后各朝代的风格各异的古建筑、木雕、石刻等。出土文物中，除著名的“铜梁文化”文物外，还有大量殷商、战国、汉、唐、宋、明、清时期的铜器、钱币、砖和陪葬陶俑、石俑等文物。全区现有244处古寺庙，18处摩崖造像，11处革命纪念建筑及遗迹。安居古城有重庆市级、区级文物古迹197处，民居院落、宫庙建筑、城墙码头保存完好，其中以“九宫十八庙”为主要代表，古建筑群庞大，数量多，保存完好。铜梁区各级文物保护单位如表3.4所示。

表3.4　　**铜梁区各级文物保护单位一览表**

序号	文物名称	级别	所在位置	年代	保存状况	有无保护范围、标志说明、档案记录和管理机构
1	武庙	市级	巴川镇	明代	良好	有
2	铁佛寺	市级	巴川镇	元代	良好	有
3	邱少云纪念碑	市级	巴川镇	现代	良好	有
4	陈达三烈士墓	市级	巴川镇	现代	良好	有

4. 风景名胜

铜梁境内青山重叠，秀水环流，景色秀美。境内南部的东西两山——西温泉和巴岳山，最为有名。西温泉涧泉干冽，奇特清幽；巴岳山三十五峰，景色优美，自然景观与人文景观交相辉映，旅游资源丰富，被命名为“巴岳游龙”，为重庆市小十景之一。铜梁区风景名胜如表3.5所示。

表3.5　　**铜梁区风景名胜**

序号	资源名称	级别	所在区、县	资源特征
1	巴岳山风景区	省、市级	巴川镇	以自然植被为主，拥有文物、古迹
2	中华龙温泉度假区	拟创三A	巴川镇	以温泉为主，拟建玄天湖
3	西泉风景名胜区	省、市级	西泉镇	是重庆四大名泉之一，白崇禧、林森、钱大均、宋美龄等先后修建并居住过的别墅群，有被称为“植物活化石”的桫椤树等原始森林植被
4	安居历史文化名镇	省、市级	安居镇	是明、清古县城遗址
5	邱少云烈士纪念馆		巴川镇	是国务院1995年授予的爱国主义教育基地，展出了邱少云生平事迹，有国家二、三级文物37件，珍贵实物和抗美援朝报废武器42件

第二节　社会经济与发展概况

一、历史沿革

铜梁区具有悠久的历史，1976 年春发现的“铜梁文化”遗址，证明在两万年以前的旧石器晚期，先民就在这里从事劳动生产和繁衍生息。

春秋战国时期，铜梁为古巴国属地。秦灭巴置垫江县，铜梁为垫江属地。南朝宋永初年，铜梁为岩渠县境。西魏恭帝三年改郡为垫江，置合州，改县为石镜。隋、唐时，虽然郡、州时有变化，铜梁一直为合州的石镜县辖地。

唐武周长安四年，割石镜地置铜梁县，隶属合州。

唐开元二十三年，割石镜县之南、铜梁县之东置巴川县，隶属合州。

元至元十七年，巴川县并入铜梁县，仍属合州。

明成化十七年，划铜梁、遂宁二县部分地新置安居县，隶属重庆府。

清康熙元年，撤销重庆府的安居县、合州属的铜梁县，并入合州。康熙六十年，又以安居、铜梁二县地复置铜梁县，属重庆府。

1911 年 11 月 22 日，重庆军政府成立。同月 24 日铜梁县军政府成立，属重庆管辖。1929 年，铜梁县直属四川省政府。1935 年，铜梁县属四川省第三行政督察区，后改为永川专区。

1949 年 12 月 2 日，铜梁县解放，12 月 22 日成立铜梁县人民政府，隶属川东行政公署铜梁专员公署领导。1951 年改铜梁专员公署为江津专员公署，1981 年改江津专区为永川地区，均领导铜梁。1983 年 4 月，永川地区与重庆市合并，铜梁属重庆市领导。

1997 年 6 月，重庆直辖，铜梁仍属重庆市管辖。

2014 年 6 月，铜梁县正式变更为铜梁区。

二、行政区划

如图 3.2 所示，铜梁区辖区内共有 3 个街道和 25 个镇，即巴川街道、东城街道、南城街道、土桥镇、旧县镇、二坪镇、水口镇、安居镇、白羊镇、平滩镇、虎峰镇、福果镇、石鱼镇、少云镇、高楼镇、维新镇、大庙镇、围龙镇、华兴镇、蒲吕镇、永嘉镇、西河镇、安溪镇、侣俸镇、太平镇、双山镇、小林镇、庆隆镇。

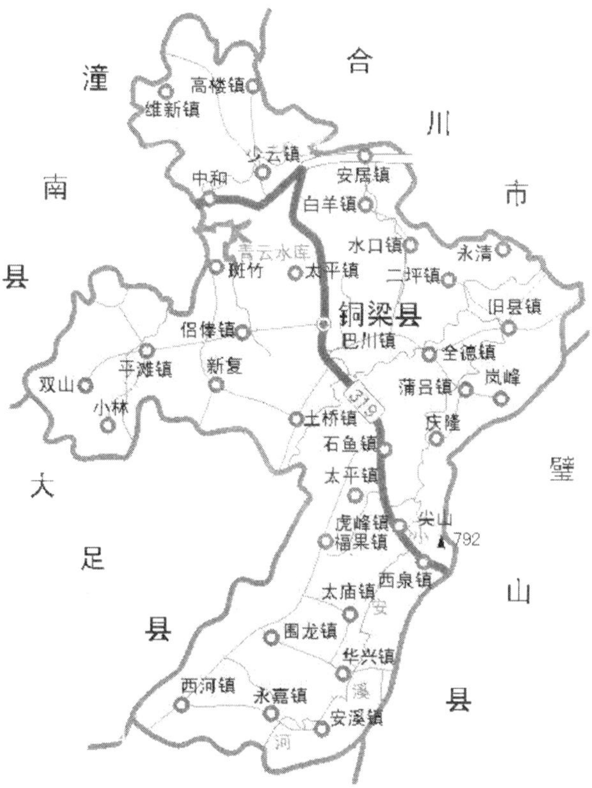

图 3.2 铜梁区行政区划图

三、人口概况

2010 年第六次全国人口普查结果表明，铜梁常住人口为 60.01 万人（户籍人口为 84 万人）。常住人口中，男性为 29.67 万人，占总人口的 49.44%；女性为

30.34 万人，占总人口的 50.56%。总人口性别比（以女性为 100，男性对女性的比例）为 97.79。常住人口中，65 岁及以上的人口为 9.11 万人，占总人口的 15.18%，人口老龄化明显。2002 年年末，全区总人口为 808 388 人，非农业人口为 116 659 人。人口出生率为 8.51‰，死亡率为 8.54‰。近些年，工业化促进城市化进程加快，大量农村人口向城市集聚。30 年以来，铜梁城镇户籍人口增长了近 5 倍，城区常住人口增长了 19 倍。

四、经济发展

2014 年，全区生产总值达到 281 亿元，完成公共财政预算收入 20.8 亿元，其中税收为 12.8 亿元。城乡居民收入分别达到 26 417 元和 12 452 元。其中人均可支配收入为 22 856 元。城镇居民人均消费支出为 12 342.06 元。城镇居民恩格尔系数为 48.5%。全区实现工业总产值 650 亿元，社会消费品零售总额完成 85.6 亿元，三次产业结构比达到 11.7：62.1：26.2。

1. 工业发展

工业增加值为 145.8 亿元，机械制造、电子信息、新型材料三大主导产业规上企业（规模以上企业）达到 181 家，实现产值 244.3 亿元，占全区规上工业产值的 66.4%，产业结构不断优化。依托非常有利的区位优势，园区工业发展强劲。

2. 农业发展

2013 年，全区农业总产值为 39.15 亿元，其中，种植业为 18.47 亿元，畜牧业为 18.1 亿元，林业为 5 966 万元。铜梁区被列为市级“四个核心蔬菜基地区县”，由于大力实施蔬菜富民战略，蔬菜产业已成为该区农业的支柱产业，2011 年年底，铜梁区被农业部确定为“全国蔬菜基地重点区”。2012 年年底，全区已建成“标准化蔬菜基地”12.3 万亩，其中万亩级基地有 5 个，种植面积达 29.49 万亩，蔬菜总产量实现 55.23 万吨，总产值达 8.83 亿元。

3. 商贸旅游业发展

2013 年，全区社会消费品零售总额为 65.53 亿元。铜梁实施旅游兴区突破战略，以“一城三区五朵花”为重点，加快精品景区建设，完善配套服务设施，积极开展宣传营销活动，使旅游业发展实现新突破。安居古镇作为中国第四大古城的品牌效应开始显现，成功创建国家4A级旅游景区，成为十大“重庆新名片”之一。2013年，安居古镇共接待游客426.4万人次，增长61.2%，实现旅游综合收入10.1亿元，增长51%。

铜梁区经济区位图如图3.3所示；2005—2014年GDP及增长率如图3.4所示；2005—2014年人均GDP如图3.5所示。

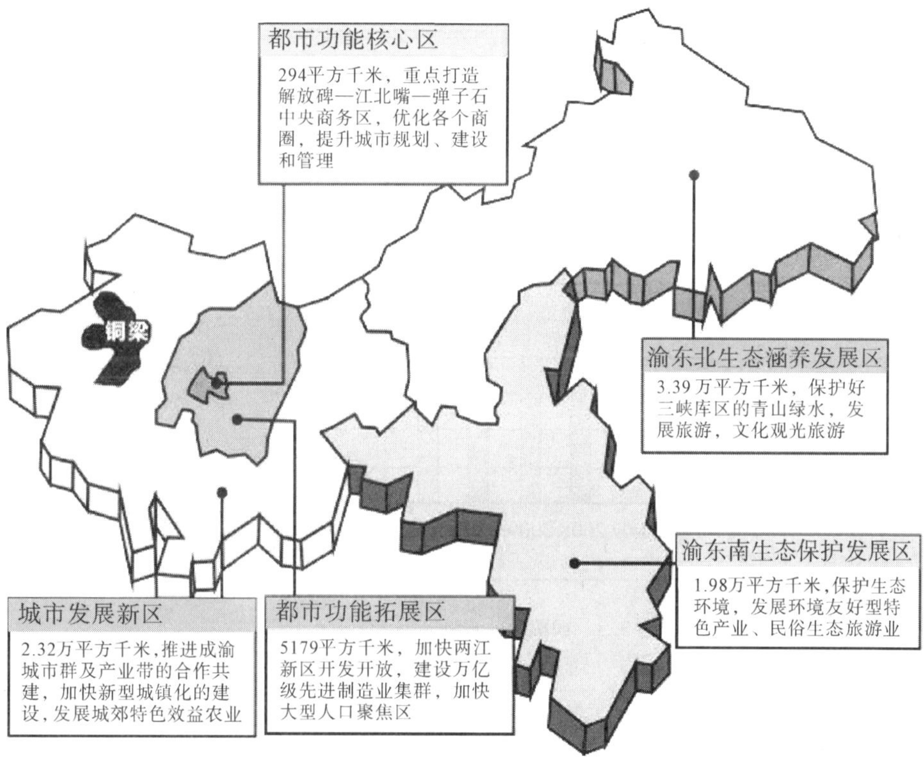

图3.3　铜梁区经济区位图

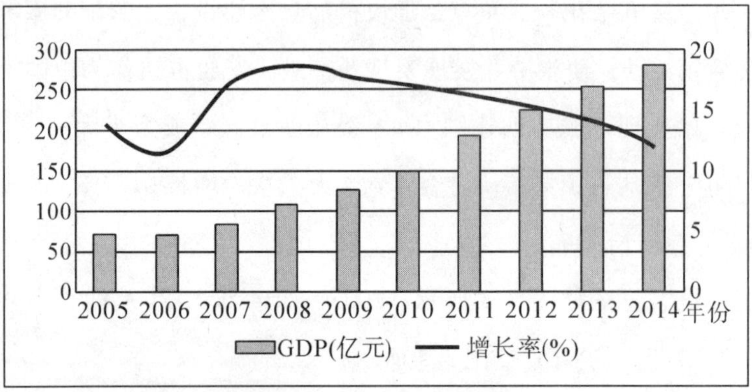

图 3.4　铜梁区 2005—2014 年 GDP 及增长率

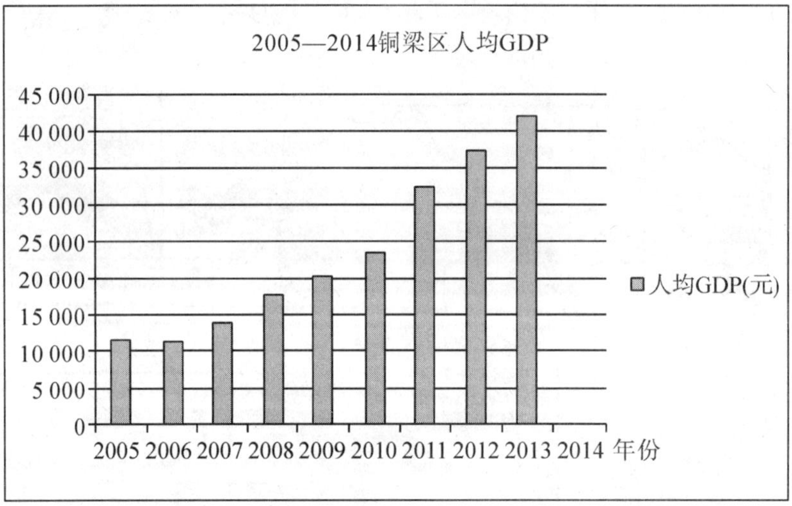

图 3.5　铜梁区 2005—2014 年人均 GDP

五、道路交通

铜梁区位于重庆市城市发展新区的核心位置，渝遂高速公路自东南向西北贯境而过，距重庆主城仅半小时车程，距成都 200 千米，距遂渝铁路合川站 15 千米，距重庆江北国际机场 65 千米，距长江集装箱码头 60 千米。5 条出境公路全长为 157.5 千米，全区已经形成 30 分钟重庆、50 分钟城区城快捷交通网络，是川渝两地的交通枢纽，是重庆市规划发展的重要产业承接地。4 条高速公路横跨南北，包括渝遂高速、重庆三环高速（在建）、成渝高速复线（在建）和铜梁—大足高速。铜梁规划有 2 条铁路：合川—铜梁—永川快速铁路（规划）、渝铜都市快轨（在建）。铜梁区综合交通图如图 3.6 所示。

图 3.6　铜梁区综合交通图

六、城市建设

近几年，铜梁城市建设与管理水平大幅提高，2014 年，城区绿化覆盖率达 46.9%，人均公园绿地面积达 22.8 平方米，城镇居民人均住房建筑面积达 38.65 平方米，新拓展噪声达标区为 2.7 平方千米，噪声功能区达标率达 100%，城区和建制镇水质达标率分别达到 100%和 95.8%，万元 GDP 能耗下降 1.5%，2014 年空气质量优良天数达到 350 天。目前，四通八达、纵横交错的骨干道路已基本构筑起“一体两翼”的大城区城市骨架。

铜梁城市规模不断扩大，1996 年建成区面积为 3.4 平方千米，2004 年建成区面积为 15 平方千米，2014 年经国务院批复同意，重庆市撤销铜梁县，设立铜梁区。新区成立后，为适应社会经济发展，将铜梁城区规划为 52 平方千米与 48 万人口规模的城市新区，打造成为新兴工业城市、文化旅游胜地和生态宜居城市。

城市空间结构以拉开中等城市框架和培育区域发展走廊为前提，形成老城区、新城核心区、南部新区的“一体两翼”格局。铜梁区以自然山水和生态绿地为本底，规划重点考虑城市在不同时期的有序建设，形成“两轴两带”的城市空间结构。“两轴”是指城市功能轴和产业发展轴。城市功能轴由北至南，串联职教园区、新城核心区、人民公园、玄天湖四大特色功能区，也是未来城市景观轴；产业发展轴依托产业大道形成。“两带”是指沿巴川河城市活力带和沿淮远河的滨河观光休闲带。沿巴川河的城市活力带依托老城空间肌理，打造尺度宜人的河岸公共生活空间；沿淮远河的滨河观光休闲带结合淮远古镇等项目，打造城市休闲商业空间，同时结合带状公园建设，打造河岸公共生态空间。

七、文化发展

近年来，铜梁区着力营造浓郁的文化气息，大力发展文化事业和文化产业，用高质量的文化活动提升居民生活品质，城市软实力跃上新台阶。其中，铜梁龙舞被列入首批国家级“非遗”名录，铜梁龙舞、铜梁彩灯舞、龙灯彩扎工艺、木匾工艺、铜梁火龙、福果民间礼仪音乐、金钱板、铜梁坐歌堂、铜梁龙灯会等被列入市级“非遗”名录。2012 年，铜梁区文化产业总产值达 15. 54 亿元，实现增加值 5. 18 亿元，占全区 GDP 的比重为 2. 29%。2014 年，据第三次全国经济普查统计数据显示，铜梁区年产值达 100 万元以上的文化产业企业有 253 家，其中产值 1 000 万元以上的就有 50 家。目前，铜梁区获评“2014 中国最具文化魅力城区”，安居古城获评“2014 中国最具文化魅力古城”，城市文化魅力、城市形象、城市文化活力等得到很大提升。

八、教育卫生

截至 2013 年年末，全区有小学 64 所，普通中学 25 所，中等职业学校 4 所，高等教育学校 1 所。小学在校生有 40 496 人；普通初中在校生有 26 599 人；普通高中在校生有 17 910 人；中等职业学校在校生有 7 674 人；高等教育学校在校生有 2 016 人。

全区有卫生机构 142 个，其中，医院、卫生院 31 个，妇幼保健院 1 个，疾病预防控制中心 1 个。全区有二级甲等综合医院 1 个，二级甲等中医院 1 个，二级甲等妇幼保健院 1 个，精神病防治医院 1 个，镇卫生院 25 个，社区卫生服务中心 2 个，民营综合医院 2 个。其中，全区有执业医师和执业助理医师 1 053 人，注册护士 811 人，农村卫生技术人员 1 182 人。2013 年年末，全区新增无害化卫生厕所 1.2 万个，无害化卫生厕所达 5.9 万个。

九、发展战略

在重庆五大功能区战略实施的背景下，铜梁紧紧围绕城市发展新区定位，结合自身发展实际，确定了重庆工业经济重要增长极、文化旅游城市、特色农产品生产基地和渝西地区重要生态屏障“四大定位”。

1. 打造重庆工业经济重要增长极

铜梁区始终坚持工业强区第一方略不动摇，充分发挥大都市区“粘连地带”的作用，坚持重抓特色、重抓龙头、重抓集群，努力培育一批百亿级战略性、支柱型产业集群，力争 2016 年全区工业经济总量突破 1 000 亿元，建成全市重要制造业基地和主城配套产业基地，提升对全市工业经济增长的贡献份额，成为全市工业化的主战场。

2. 打造文化旅游城市

铜梁区坚持以文化带动城市建设发展，把文化作为城市的“魂”和“根”，根植于铜梁的山山水水，促进文化特别是龙文化与旅游发展有机结合、深度融合。铜梁区加快推进城市建设、商贸业态和文化旅游无缝对接、协调发展，完善提升“吃住行游购娱”六大要素，提升旅游配套服务环境，打造极具影响力的文化旅游城市。

3. 打造特色农产品生产基地

铜梁区着眼于满足成渝两个大城市对农产品的需求，加快调整产业结构，大力发展高效农业、设施农业、效益农业和特色农业。该区用抓工业的方法抓农业，着力引进一批市场前景好、带动能力强、经济效益高的农业产业化项目，培育一批农业龙头企业，形成企业加基地带农户连市场的产业化格局。

4. 打造渝西地区重要生态屏障

铜梁区充分凭借区域内山脉、河流、农田形成的自然分割和生态环境条件，切实发挥服务重庆主城的生态屏障和水域生态廊道作用，推进交通沿线、旅游景区、城镇周边和河流两岸的绿化带建设，维护城市绿色生态空间。力争到2016年，全区森林覆盖率达到50%，河流水质全部达到国家三类及以上标准，饮用水源地水质达标率达到100%，成为渝西地区重要生态屏障。

第四章　城市总体规划实习

第一节　实习目的、要求与内容

一、实习目的

城市总体规划作为宏观层面的法定规划，是人文地理与城乡规划专业理论教学的重点，也是规划实习的重点内容。学生通过城市总体规划实习，旨在在实践中加深对所学的城市规划基本原理的理解，同时结合资源环境学、地理学、管理学、经济学的基本原理，以及3S与规划制图技术等进行综合运用，提高综合实践能力，熟悉城市总体规划的基本流程。

二、实习要求

1. 专业运用要求

城市总体规划实习，要求学生能够进一步理解并掌握城市总体规划的基本原理和方法；掌握规划中所需资料的收集和处理方法；掌握城市总体规划方案编制和规划制图的基本要求；掌握城市总体规划的相关规范；领会城市总体工作的综合性，以及团队协作的重要性。

2. 实习成果要求

城市总体规划实习的成果包含三部分：规划文本、规划图纸和附件。规划文本要求文字表达规范、准确。规划图纸要求比例尺适当，内容齐全，图像表达清晰。附件主要包括规划说明书和基础资料汇编。

3. 组织纪律要求

城市总体规划实习分组进行，组长负责小组的所有行动并与指导教师沟通。在实习过程中同学之间要相互学习、积极探讨、相互关心和帮助，共同完成实习任务，同时要严格遵守时间和安全纪律。

三、实习内容

城市总体规划实习内容主要包括市域城镇体系规划和中心城区规划。学生基于实地调研、资料分析与专题研究，具体完成以下内容：

（一）市域城镇体系规划的主要内容

（1）提出市域城乡统筹发展战略；

（2）确定市域空间管制原则和措施；

（3）提出城镇体系的规模结构、空间结构、职能结构及经济分区；

（4）在原则上确定市域重大基础设施和重要社会服务设施的布局；

（5）根据城市建设、发展和资源管理的需要划定城市规划区；

（6）提出实施市域城镇体系规划的措施和有关建议。

（二）中心城区规划的主要内容

（1）分析确定城市性质、职能和发展目标，预测城市人口规模；

（2）划定禁建区、限建区、适建区，并制定空间管制措施；

（3）确定建设用地规模，划定建设用地范围，确定建设用地的空间布局；

（4）提出主要公共服务设施的布局；

（5）确定住房建设标准和居住用地布局；

（6）确定绿地系统的发展目标及总体布局，划定绿地的保护范围（绿线），划定河湖水面的保护范围（蓝线）；

（7）确定历史文化保护及地方传统特色保护的内容和要求；

（8）确定交通发展战略和城市公共交通的总体布局，确定主要对外交通设施和主要道路交通设施布局；

（9）确定重大市政设施的总体布局；

（10）确定生态环境保护与建设目标，提出污染控制与治理措施；

（11）确定综合防灾与公共安全保障体系，提出防洪、消防、人防、抗震、地质灾害防护等的规划原则和建设方针；

（12）提出地下空间开发利用的原则和建设方针；

（13）确定城市空间发展时序，提出规划实施步骤、措施和政策建议。

第二节　实习原理与技术依据

一、实习原理

实习原理包括：城镇体系规划的基本原理与要求；城市用地的适宜性评价；城市用地选择的原则及要求；城市各类用地布局的原则及要求；城市形态、结构与功能的关系；城市总体布局的原则；城市总体布局的方案比较；城市道路系统规划的要求和原则；城市绿地系统规划的要求和原则；城市市政公用设施规划布局的要求及原则；城市历史文化遗产保护的要求及原则；城市生态环境保护的措施；城市防灾规划等。

二、技术依据

（一）法律法规

（1）《中华人民共和国城乡规划法（2008 年）》；

（2）《国家新型城镇化规划（2014—2020 年）》；

（3）《国务院关于加强城乡规划监督管理的通知（国发［2002］13 号）》；

（4）《国务院办公厅转发建设部关于加强城市总体规划工作意见的通知（国办发［2006］12 号）》；

（5）建设部《城市规划编制办法（建设部令第 146 号）（2006 年）》；

（6）国家、省、市相关法律、法规与规范。

（二）政策文件

（1）《生态园林城市标准（建城［2012］170 号）》；

（2）规划区所在地相关上位规划资料。

（三）常用标准

1. 新的城市用地分类（见表 4.1）

表 4.1　城市用地分类表

类别代码			类别名称
大类	中类	小类	
R	3	7	居住用地
A		13	公共管理与公共服务用地
B		9	商业服务业设施用地
M	3	5	工业用地
W	3		物流仓储用地
S	5	2	道路与交通设施用地
U	4	11	公用设施用地
G	3		绿地与广场用地

2. 规划城市建设用地结构（见表 4.2）

表 4.2　　　　　　　　　　**规划城市建设用地结构**

用地名称	占城市建设用地比例（%）
居住用地	25.0~40.0
公共管理与公共服务用地	5.0~8.0
工业用地	15.0~30.0
道路与交通设施用地	10.0~25.0
绿地与广场用地	10.0~15.0

3. 人均各类城市建设用地指标

规划人均道路与交通设施用地面积不应小于 12.0 平方米/人。由于城市规模越大，公共交通比例越高，出行距离也越长，高等级道路比例也相对较高，对于城市规模较大城市的人均道路与交通设施用地指标的低限应在 12.0 平方米/人的基础上酌情提高。规划人均绿地与广场用地面积不应小于 10.0 平方米/人，其中人均公园绿地面积不应小于 8.0 平方米/人。

4. 规划人均城市建设用地标准（见表 4.3）

表 4.3　　　　　　　　　　**规划人均城市建设用地标准**

气候区	现状人均城市建设用地指标	允许采用的规划人均城市建设用地指标	允许调整幅度		
			规划人口规模≤20.0 万人	规划人口规模20.1 万~50.0 万人	规划人口规模>50.0 万人
Ⅰ Ⅱ Ⅵ Ⅶ	≤65.0	65.0 ~ 85.0	>0.0	>0.0	>0.0
	65.1 ~ 75.0	65.0 ~ 95.0	+0.1 ~ +20.0	+0.1 ~ +20.0	+0.1 ~ +20.0
	75.1 ~ 85.0	75.0 ~ 105.0	+0.1 ~ +20.0	+0.1 ~ +20.0	+0.1 ~ +15.0
	85.1 ~ 95.0	80.0 ~ 110.0	+0.1 ~ +20.0	−5.0 ~ +20.0	−5.0 ~ +15.0
	95.1 ~ 105.0	90.0 ~ 110.0	−5.0 ~ +15.0	−10.0 ~ +15.0	−10.0 ~ +10.0
	105.1 ~ 115.0	95.0 ~ 115.0	−10.0 ~ −0.1	−15.0 ~ −0.1	−20.0 ~ −0.1
	>115.0	≤115.0	<0.0	<0.0	<0.0

表4.3(续)

气候区	现状人均城市建设用地指标	允许采用的规划人均城市建设用地指标	允许调整幅度		
			规划人口规模≤20.0万人	规划人口规模20.1万~50.0万人	规划人口规模>50.0万人
Ⅲ Ⅳ Ⅴ	≤65.0	65.0 ~ 85.0	>0.0	>0.0	>0.0
	65.1 ~ 75.0	65.0 ~ 95.0	+0.1 ~ +20.0	+0.1 ~ 20.0	+0.1 ~ +20.0
	75.1 ~ 85.0	75.0 ~ 100.0	-5.0 ~ +20.0	-5.0 ~ +20.0	-5.0 ~ +15.0
	85.1 ~ 95.0	80.0 ~ 105.0	-10.0 ~ +15.0	-10.0 ~ +15.0	-10.0 ~ +10.0
	95.1 ~ 105.0	85.0 ~ 105.0	-15.0 ~ +10.0	-15.0 ~ +10.0	-15.0 ~ +5.0
	105.1 ~ 115.0	90.0 ~ 110.0	-20.0 ~ -0.1	-20.0 ~ -0.1	-25.0 ~ -5.0
	>115.0	≤110.0	<0.0	<0.0	<0.0

第三节　实习过程与方法

一、实习过程

（一）室内准备阶段

1. 确定实习小组

实习以班级为单位，采取自愿组合原则，10 人为一个小组并选定组长；组长负责小组日常工作管理、进度把握、人员协调，并负责与指导教师的沟通与衔接工作。

2. 查阅实习区相关资料，熟悉实习区的基本情况

学生主要通过网络、图书馆收集相关资料，包括实习区的地理区位、自然条件、社会经济及发展历史等，尤其要详细了解该城市的性质定位、用地与人口规模、主导产业等城市规划建设概况；通过谷歌（Google）地图搜索城市的空间结构、道路网及周边情况等。

3. 列出所要收集资料清单，讨论并制定调查问卷，讨论并拟定访谈提纲等

资料清单主要包括：自然条件与资源；城镇体系发展概况；人口概况；居住、工业、仓储与物流、公共设施建设与空间布局等情况；市政公用设施建设的空间布局；城市“五线”情况；道路交通建设与空间布局；城市绿地与景观建设的空间布局；历史文物保护与旅游发展；上位规划与上一轮城市总体规划；近期重点项目建设；国民经济和社会发展五年规划、地方志、城市志及 1∶5 000~1∶50 000 地形图等资料。

学生拟定访谈提纲的目的是通过访问相关政府管理部门的相关人员，对城市规划建设的现状、问题及规划建议等进行了解。

调查问卷是针对城市居民而设置，主要包括居民在城市规划中的诉求与建议（问卷见附录）。

（二）实地调研阶段

1. 资料收集

在实地调研阶段，学生要收集相关文字、图形、图像等资料。资料主要来源于与城市规划相关的管理部门，包括城市规划局、国土与房屋管理局、旅游局、文物局、环境保护局以及发展改革委等部门。

2. 交流访谈

学生在政府职能管理部门收取相关资料期间，要与相关政府管理人员进行访谈交流。

3. 问卷调查

学生可采取问卷调查的方式进行实地调研。

4. 现场勘查

现场勘查是指学生实地了解城镇体系中重要节点城镇现状，中心城区整体风貌、空间结构、功能分区，主要景观节点，交通道路系统，历史文物、重大公共设施和市政设施的分布情况，拟拓展新区的用地条件，周边环境情况等，并在地形图上标注。

（三）资料分析阶段

1. 资料处理

资料处理是指学生对所收集的文字、图形、图像等资料进行处理，对访谈及问卷的结果分组进行统计整理。

2. 专题研究

专题研究是指学生对规划中面临的重要问题进行专题研究，为规划方案的制订提供依据。这主要涉及城镇体系发展的障碍因素、城市各类用地现状及问题研究、中心城区生态环境保护研究、道路交通布局优化研究等。

（四）方案编制阶段

1. 方案比较

学生通过小组头脑风暴，初拟两个方案进行比较。

2. 方案交流

方案确定后，实习小组与指导教师交流，汇报规划构思，听取指导老师的意见，并就一些规划原则问题做深入沟通。

3. 方案修改

学生根据指导教师的意见对方案进行修改。

4. 意见反馈

学生将修改后的方案提交给指导老师并再次听取指导老师意见，对方案进行修改、完善后，转入成果编制阶段。

5. 方案编制的内容

以小组为单位，讨论制定城市总体规划说明书。编制内容主要包括：城市发展的目标，性质定位，人口规模，用地规模及范围，城市总体布局、空间结构及拓展方向，城镇体系规划，城市建设用地布局规划，产业规划，道路系统规划，公共设施与市政设施规划，历史文化与风景名胜保护规划，景观与绿地系统规划，生态环境保护与环卫设施规划，综合防灾体系规划，经济技术指标，用地平衡表、近期建设规划，规划实施和管理等。

6. 主要成果

文本成果有：《城市总体规划说明书》《城市总体规划文本》《专题研究》《城市总体规划资料汇编》。

图件成果：区位图；城市总体规划现状图；城市规划区坡向、坡度及高程分析图；城镇体系规划图；城市建设用地布局规划图；城市空间结构分析图；城市功能分区图；城市道路系统规划图；城市旅游产业规划图；城市道路系统规划图；城市公共设施与市政设施规划图；历史文化与风景名胜保护规划图；景观与绿地系统规划图；近期建设规划图等。

（五）成果汇报阶段

在此阶段，学生以小组为单位，通过 PPT 和图纸展示方式，汇报规划成果。

二、常用方法

（一）城市人口规模的预测方法

1. 综合增长率法

综合增长率法是指根据人口综合年均增长率预测人口规模，按下式计算：

$$P_t = P_0 (1+r)^n \tag{4.1}$$

式中：P_t——预测目标年年末人口规模；

P_0——预测基准年人口规模；

r——人口年均增长率；

n——预测年限。

2. 经济相关分析法

经济相关分析法是指通过建立城市人口与经济总量之间的对数相关关系来预测未来人口规模，按下式计算：

$$P_t = a + b \ln (Y_t) \tag{4.2}$$

式中：P_t——预测目标年年末人口规模；

Y_t——预测目标年 GDP 总量；

a、b——参数。

3. 时间序列法

时间序列法适用于城市人口数据变动平稳，直线趋势较为明显的情形，按下式计算：

$$Y=a+bx \quad (4.3)$$

式中：Y——人口规模；

x——回归变量；

a、b——待定系数。

预测步骤：

第一，确定回归的变量（年份、GDP）。

第二，收集相关资料（至少连续 5 年的城市人口和 GDP 历史数据）。

第三，将历史数据和 GDP 做数据散点图，判定其是否具有相关性，不具相关性则另取参数。

第四，在具有相关性的前提下，做两组数据间的相关分析，并用拟合度判定，拟合度接近 1.0 则相关性高，反之则低。

第五，求出 a、b 待定系数后，再预测规划年的人口规模。

4. 劳动力需求预测法

劳动力需求预测法是指通过经济发展对劳动力的需求分析预测城市人口规模，按下式计算：

$$P_t=\frac{\sum_{i=1}^{3} Y_t \times W_i / y_i}{x_t} \quad (4.4)$$

式中：P_t——预测目标年年末人口规模；

Y_t——预测目标年 GDP 总量；

y_i——预测目标年第 i（例如一、二、三）产业的人均 GDP；

W_i——预测目标年第 i（例如一、二、三）产业占 GDP 总量的比例（%）；

x_t——预测目标年年末就业劳动力占总人口的比例（%）。

5. 土地承载力法

土地承载力法是指根据建设用地潜力和有关人均用地标准预测人口规模，按下式计算：

$$P_t = L_t / l_t \quad (4.5)$$

式中：P_t——预测目标年年末人口规模；

L_t——根据土地开发潜力确定的预测目标年年末城市建设用地规模；

l_t——预测目标年宜采用的人均建设用地标准。

6. 环境容量法

环境容量法是指根据规划期末城市生态用地总面积，选取适宜的人均生态用地标准预测人口规模，按下式计算：

$$P_t = S_t / s_t \quad (4.6)$$

式中：P_t——预测目标年年末人口规模；

S_t——预测目标年生态用地面积；

s_t——预测目标年人均生态用地面积。

（二）城市性质的确定方法

1. 采用定性分析与定量分析相结合，以定性分析为主的方法

定性分析就是在全面分析说明城市在政治、经济、文化生活中的作用和地位，明确该城市职能的基础上确定城市性质。

2. 采用定性分析与定量分析相结合，以定量分析为主的方法

定量分析就是在定性基础上对城市职能，特别是经济职能采用一定的技术指标，从数量上确定主导的生产部门。经济职能的定量分析主要采用主导产业确定法，即通过主成分分析方法，确定城市主导产业，以确定城市性质。

（三）城镇体系结构规划方法

1. 规模结构通常用城市规模分布描述方程

$$p(r) = \frac{p_1}{r^q} \quad (4.7)$$

式中，r 为城市等级序列（$r=1, 2, 3, \cdots, n$），$p(r)$ 为等级为 r 的城市规模，

p_1 为最大城市规模，q 为与区域发展水平有关的常数。根据该法则，我们可将一个国家或区域的城市规模分布划分为首位分布和位序规模分布两种类型，判别的主要指标包括首位度、4 城市指数和 11 城市指数。

2. 空间结构规划通常用分形模型来判断城镇体系的空间特征

城镇体系的空间相关性分形研究一般采用关联维数来标度。其关联函数为：

$$C(r)=\frac{1}{N^2}\sum_{i,j=1}^{N}H(r-d_{ij}),\ (i\neq j) \tag{4.8}$$

$$H(r-d_{ij})=\begin{cases}1,\ (d_{ij}\leqslant r)\\0,\ (d_{ij}>r)\end{cases} \tag{4.9}$$

式（4.8）和（4.9）中：r 为给定的距离标度，d_{ij} 为城镇体系内第 i 个与第 j 个城镇之间的直线距离，H 为 Heaviside 函数。根据城镇体系空间分布标度不变性的分形特征有：

$$C(r)\propto rD \tag{4.10}$$

式（4.10）中 D 为关联维数，其地理意义反映了城镇之间空间相互作用的规律性。D 的取值范围一般介于 0 ~ 2 之间，其值越小，说明该区域城镇体系空间分布的集中度越高，空间联系越紧密，空间相互作用也越强；反之，其值越大，则说明该区域城镇体系空间分布越分散，相互作用也就越弱。

第四节　案例与拓展

一、区域概况

（一）基本概况（参见第二章内容）

（二）规划期限及范围

1. 规划期限

本规划期限为 2015—2025 年。

2. 规划范围

本规划范围分为区域、中心城区两个层次。区域范围为铜梁区全境，即铜梁区行政辖区范围，包括4个街道办事处、24个镇，面积有1 340平方千米，具体包括巴川街道、南城街道、东城街道、蒲吕镇、旧县街道及安居、平滩、大庙、土桥、石鱼、太平、侣俸、虎峰、少云等镇。

中心城区规划范围包括巴川街道、南城街道、东城街道、蒲吕镇、土桥镇、石鱼镇、庆隆镇行政辖区范围，总面积约为317.80平方千米；城市建设用地范围包括巴川街道、南城街道、东城街道、蒲吕镇等行政辖区内的部分范围。

铜梁区空间结构如图4.1所示。

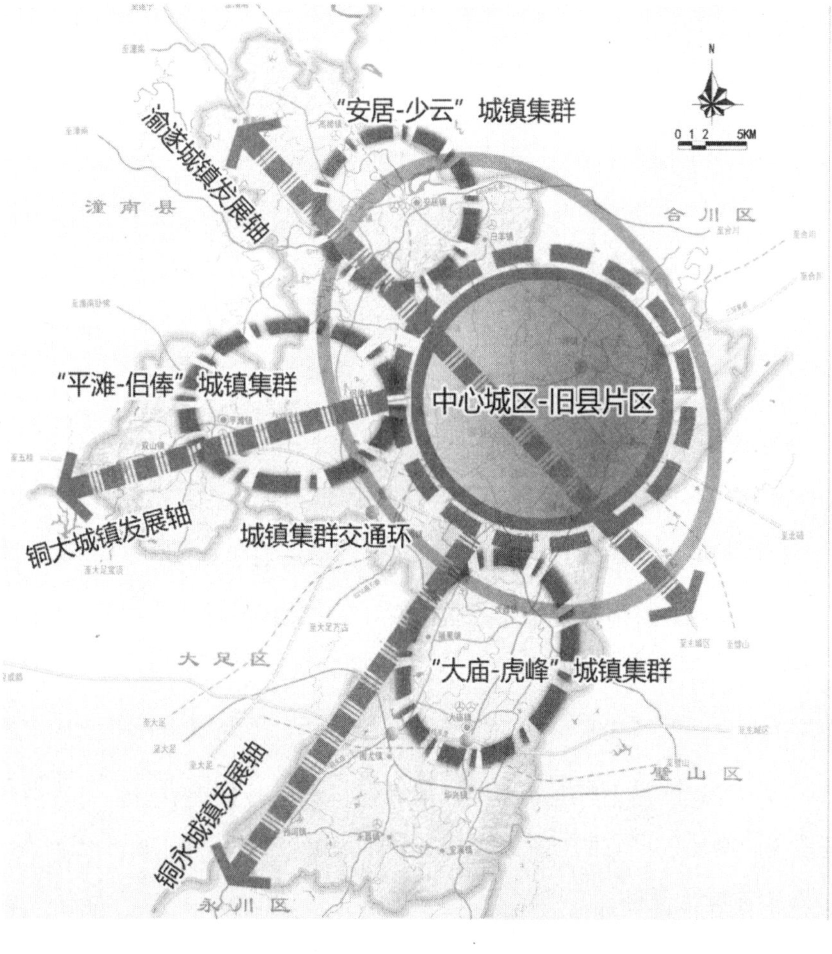

图4.1 铜梁区空间结构图

二、规划背景

1. 新型城镇化背景

新型城镇化是以城乡统筹、城乡一体、产城互动、节约集约、生态宜居、和谐发展为基本特征的城镇化，是大中小城市、小城镇、新型农村社区协调发展、互促共进的城镇化。新型城镇化强调生态文明，着力推进绿色发展、循环发展、低碳发展，注重生态空间变化；新型城镇化强调文化传承，彰显城市的特色和个性；新型城镇化强调实现城乡基础设施一体化和公共服务均等化，促进社会经济可持续发展。

2. 生态文明建设背景

生态文明是人类文明的一种形式。它以尊重和维护生态环境为主旨，以可持续发展为根据，以未来人类的继续发展为着眼点。这种文明观强调人的自觉与自律，强调人与自然环境的相互依存、相互促进、共处共融。生态文明突出生态的重要，强调尊重和保护环境，强调人类在改造自然的同时必须尊重和爱护自然，而不能随心所欲，盲目蛮干，为所欲为。在生态文明建设背景下，城乡规划的目标就是“看得见山、望得见水，记得住乡愁”。

3. 铜梁撤县改区背景

2014 年经国务院批复同意，重庆市撤销铜梁县，设立铜梁区。新区成立后，市委、市政府大力支持铜梁社会经济发展，将铜梁规划建设成为 52 平方千米、48 万人口的城市新区，打造成为新兴工业城市、文化旅游胜地、生态宜居城市。

4. 铜梁区四大发展战略背景

在重庆五大功能区战略实施的背景下，铜梁紧紧围绕城市发展新区定位，结合自身发展实际，确定了重庆工业经济重要增长极、文化旅游城市、特色农产品生产基地和渝西地区重要生态屏障“四大战略定位”。

5. 大交通区位背景

铜梁区位于成渝经济带腹地，渝遂高速、渝蓉高速和三环高速使得铜梁的区位优势凸显，催生出新的发展方式。铜梁正试图打破依靠工业单极增长的格局，谋划做大文化旅游产业，实现经济发展双轮驱动。

三、关键问题

（1）随着城镇化的进一步推进，如何构建铜梁区规模结构、空间结构、职能结构合理的现代新型城镇体系？

（2）如何通过规划，有效实现铜梁新城区与老城区的融合？

（3）城市绿地景观系统、城市道路交通系统、城市公共设施系统等的规划建设，如何与铜梁打造文化旅游城市的发展战略衔接？

（4）在城区扩展过程中，如何保护自然生态格局的完整性，促进铜梁城区生态化的高品质发展？

四、实习成果

文本成果有：《铜梁区总体规划说明书》《铜梁区总体规划文本》《铜梁区专题研究》《铜梁区总体规划资料汇编》。

图件成果有：铜梁区区位图；铜梁区总体规划现状图；铜梁区规划区坡向、坡度及高程分析图；铜梁区城镇体系规划图；铜梁区建设用地布局规划图；铜梁区区空间结构分析图；铜梁区区功能分区图；铜梁区城市道路系统规划图；铜梁区城市旅游产业规划图；铜梁区城市道路系统规划图；铜梁区城市公共设施与市政设施规划图；铜梁区历史文化与风景名胜保护规划图；铜梁区景观与绿地系统规划图；铜梁区近期建设规划图等。

五、思考与拓展

（1）结合城市绿地系统规划，海绵城市建设模式在铜梁城市规划中是如何体现的？

（2）新城市主义理论在铜梁城市规划中是如何体现的？

（3）“大数据”背景下，“三规合一”在铜梁区总体规划中是如何体现的？

（4）“大数据”背景下，“互联网+”的产业发展模式对城市空间布局模式有什么影响？

提示1：海绵城市就是比喻城市像海绵一样，遇到降雨时能够就地或者就近吸收、存蓄、渗透、净化雨水，补充地下水、调节水循环；在干旱缺水时有条件将蓄存的水释放出来，并加以利用，从而让水在城市中的迁移活动更加“自然”。

根据2015年2月建设部发布的《海绵城市建设技术指南》，海绵城市建设将强调优先利用植草沟、雨水花园、下沉式绿地等“绿色”措施来组织排水，以“慢排缓释”和“源头分散”控制为主要规划设计理念。城市应最大限度地保护原有的河湖、湿地、坑塘、沟渠等“海绵体”不受开发活动的影响；受到破坏的“海绵体”也应综合运用物理、生物和生态等手段逐步修复，并维持一定比例的生态空间。

提示2：新城市主义是一个新的城市规划设计运动。基于市郊不断蔓延、社区日趋瓦解、交通污染与拥堵日益严重以及生态与文物空前破坏等现状，新城市主义主张提倡创造和重建丰富多样的、适于步行的、紧凑的、混合使用的社区，对建筑环境进行重新整合，形成完善的都市、城镇、乡村和邻里单元。新城市主义主张限制城市边界，建设紧凑型城市；继承传统，复兴传统开发；以人为本，建设充满人情味的新社区；尊重自然，回归自然；提高公众对城市规划的参与性；提倡健康的生活方式；回归传统习惯性的邻里关系；实现社会平等和公共福利的提高。

提示3：将国民经济和社会发展规划、城市总体规划、土地利用规划中涉及的相同内容统一起来，并落实到一个共同的空间规划平台上，各规划的其他内容按相关专业要求各自补充完成，即为“三规合一”。“三规合一”可以解决或避免“三规”不协调带来的项目选址难、行政审批效率低、建设用地利用粗放等问题。

附录：《铜梁区城市总体规划》调查问卷

各位市民：

您好！我们是人文地理与城乡规划专业的学生，为提高铜梁区城市规划的公众参与度，深入了解广大民众对城市规划工作的意见与诉求，创造高质量的人居环境，特发此调查问卷，以征求广大市民的意见与建议。本次调查是无记名的，您的意见对铜梁区的未来发展非常重要，请您根据问卷上的要求，认真作答。谢谢您的配合与支持！

请您在符合自己情况、想法的选项前打钩。

一、个人基本情况

1. 您的性别：□男 □女

2. 您的年龄：□18岁以下 □18~30岁 □31~40岁 □41~50岁 □51~60岁 □61岁以上

3. 最高学历：□无 □小学 □初中 □高中 □大专 □本科及以上

4. 您的从业情况（可多选）：

□种田 □养殖/牧业 □务工 □开店做生意 □一般干部 □学生 □无业

二、城市建设调查

5. 您对目前铜梁城市建设的总体评价是：

□非常好 □较好 □一般 □较差 □非常差

6. 您认为目前铜梁城市建设存在的突出问题是什么？（选三项）

□居住环境较差 □缺少各种公共服务设施

□缺少广场、绿地等公共开敞空间 □交通环境较差，出行不便

□城中村现象严重，影响城市形象

7. 您了解铜梁区城市总体规划与建设是通过什么途径？（可多选）

□朋友介绍　□书籍资料　□媒体（包括互联网）　□政府部门

□本次调查

三、居住环境调查

8. 您对铜梁城区现状居住条件评价：

□非常好　□较好　□一般　□较差　□非常差

9. 您认为铜梁城区现状居住条件的主要问题是：（可多选）

□公共服务设施缺乏　□交通环境不便　□绿化环境不佳

□日照时间不足　□环境卫生条件不佳　□治安条件较差

四、公共设施调查

10. 您对目前梁城区公共设施条件评价：

□非常好　□较好　□一般　□较差　□非常差

11. 您认为目前铜梁城区公共服务设施存在的主要问题是什么？

□公共服务设施缺乏　□公共服务设施布局不合理

12. 您认为现在铜梁城区缺少哪些公共设施？（可多选）

□影剧院　□博物馆　□图书馆　□体育设施

□文化馆、青少年宫　□老年活动中心　□儿童游乐园　□医疗设施

五、市政设施调查

13. 您对目前铜梁城区市政设施条件评价：

□非常好　□较好　□一般　□较差　□非常差

14. 您认为铜梁城区市政公用设施配置及管理方面的不足之处为：（可多选）

□公厕太少、分布不合理　□垃圾箱太少，摆放位置不明显

□公厕、垃圾箱等设施形象欠佳　□架空电线等破坏城市景观形象

□缺乏直饮水设施　□环境卫生维护不够　□照明设施不够

15. 您认为铜梁城区的下列环境污染比较严重的是哪一项?

□噪音　□烟尘　□污水　□垃圾

六、道路交通调查

16. 您对目前铜梁城区道路交通的评价:

□非常好　□较好　□一般　□较差　□非常差

17. 您上班需要花的时间通常为:

□≤10 分钟　□10~30 分钟　□≥30 分钟

18. 您认为目前铜梁城区交通的主要问题是:(可多选)

□机动车太多　□道路规划不合理　□市民交通意识差

□交通管理不够　□停车场缺乏　□机动车违规现象严重

□公交体系落后　□各类交通(货运、客运)混杂

七、景观与形象调查:

19. 您对目前铜梁城区景观的评价:

□非常好　□较好　□一般　□较差　□非常差

20. 目前铜梁城区城市景观存在的主要问题有:(可多选)

□城市缺乏特色　□建筑混杂　□广场绿化少　□环境卫生差

□人文环境差

21. 您对铜梁城区公共活动场所(广场、绿地)的评价(可多选):

□满意　□质量不高　□位置不好

□违章搭建太多　□卫生环境较差　□缺少配套设施

22. 您认为以下哪种类型的城市是您心目中理想的未来的铜梁?

□生态园林城市　□现代化工业城市　□旅游城市　□宜商宜居城市

23. 您觉得最能代表铜梁区城市形象的地方是:________________

24. 您心目中未来铜梁区最突出的城市建设特色是什么?

____

25. 您对铜梁区未来的城市规划与发展有哪些建议?

____

____

____

____

____

____

____

____

____

再次感谢您的参与，祝您生活愉快！

××调查组

第五章　乡村总体规划实习

第一节　实习目的、要求与内容

一、实习目的

乡村与城市构成我国城乡规划的基本空间架构。作为宏观层面上的规划，乡村总体规划具有与城市规划同样重要的地位，尤其是在当前国家特别注重农业、农村和农民发展的大背景下，乡村规划与建设已成为我国社会经济发展的重要议题。学生通过乡村实习，可以加深对所学的村镇规划、资源与环境管理、区域分析与区域规划、旅游规划与开发、自然地理和人文地理等课程的基本原理的理解，以及对所开设的地理信息技术、计算机制图技术等技术方法类课程进行综合运用，从而提高综合实践能力。

二、实习要求

1. 目标

实习的目标是使学生进一步理解并掌握乡村总体规划的基本原理和方法；掌

握乡村规划中所需资料的收集和处理方法；掌握规划中各种基本信息的筛选和处理方法；掌握乡村总体规划实践当中的各个环节与任务；掌握乡村总体规划相关技术标准；领会乡村规划中团队成员分工与协作的重要性。

2. 实习成果要求

乡村规划实习提交成果包含三部分：规划文本、规划图纸和附件。文本要求文字表达规范、准确、含义清楚。规划图纸要求比例尺适当，内容齐全，图像表达清晰。附件主要包括规划说明书和基础资料汇编。

3. 组织纪律要求

实习分组进行，组长负责组员的所有行动并与指导教师沟通。在实习过程中同学之间要相互学习，积极探讨，相互关心和帮助，共同完成实习任务，同时要严格遵守时间和安全纪律。

三、实习内容

学生通过实地调研，对当地村民进行问卷调查和访谈，对所收集资料进行系统分析，并开展必要的专题研究，在此基础上完成以下内容：

（1）确定乡村性质和发展方向，估算乡村人口发展规模，确定有关乡村总体规划的各项技术经济指标；

（2）选定乡村用地，确定规划范围与总体布局，划分乡村用地功能分区；

（3）确定乡村道路系统规划布局；确定乡村广场位置、交叉口形式、主次干道断面、主要控制点的坐标及标高；

（4）确定旧居民点改造与新聚居区规划方案；

（5）确定乡村公共设施的规划与布点；

（6）确定乡村产业发展规划；

（7）提出给水、排水、防洪、电力、电信、煤气、供热、公共交通等各项工程的管线规划，制定乡村园林绿化规划；

（8）提出综合协调人防、抗震和环境保护等方面的规划；

（9）提出近期建设规划范围和主要工程项目，安排建设用地和建设步骤。

第二节　实习原理与技术依据

一、实习原理

实习原理包括：乡村用地选择的原则及要求；乡村各类用地布局的原则及要求；乡村总体布局的原则；乡村总体布局的方案比较；乡村道路系统规划的要求和原则；农宅院落的布置形式；乡村公用设施规划布局的要求及原则；乡村历史文化遗产保护的要求及原则；乡村产业规划布局的要求等。

二、技术依据

（一）法律与规范

（1）《中华人民共和国城乡规划法（2008 年）》；

（2）《村镇规划标准（GB50188-2007）》；

（3）《美丽乡村建设指南（2014）》；

（4）《国家生态文明建设示范村镇指标》；

（5）《全国乡村旅游发展纲要（2009—2015 年）》（征求意见稿）；

（6）《乡村建设规划许可实施意见（2014）》；

（7）《村庄整治技术规范（GB50445-2008）》；

（8）国家及省市其他相关技术标准、法律规范等。

（二）相关标准

（1）镇村规模指标划分。镇区和村庄的规划规模应按人口数量划分为特大、大、中、小型四级。规划者在进行镇区和村庄规划时，应以规划期末常住人口的数量分级确定级别，见表 5.1。

表 5.1　　镇村规模指标划分

规划人口规模分级	镇区（人）	村庄（人）
特大型	>50 000	>1 000
大型	30 001～50 000	601～1 000
中型	10 001～30 000	201～600
小型	≤10 000	≤200

（2）人均建设用地指标应按表 5.2 的规定分为四级。

表 5.2　　镇村人均建设用地指标分级

级别	一	二	三	四
人均建设用地指标（平方米/人）	60～80	81～100	101～120	121～140

说明：新建镇区的规划人均建设用地指标应按表 5.2 中第二级确定；当地处现行国家标准《建筑气候区划标准》GB 50178 的Ⅰ、Ⅶ建筑气候区时，可按第三级确定；在各建筑气候区内均不得采用第一、四级人均建设用地指标。

（3）规划者对现有的镇村进行规划时，其规划人均建设用地指标应在现状人均建设用地指标的基础上，按表 5.3 规定的幅度进行调整。

表 5.3　　镇村规划人均建设用地指标

现状人均建设用地指标（平方米/人）	规划调整幅度（平方米/人）
≤60	增 0～15
61～80	增 0～10
81～100	增、减 0～10
101～120	减 0～10
121～140	减 0～15
>140	减至 140 以内

注：规划调整幅度是指规划人均建设用地指标对现状人均建设用地指标的增减数值。

（4）农业部发布的《美丽乡村建设指标》见表 5.4。

表 5.4　　美丽乡村建设指标体系

序号	指标	指标要求	备注
1	路面硬化率	100%	
2	饮水安全覆盖率	100%	十二五规划中指出“根据各地上报并经专家组复核评估，确定纳入‘十二五’规划的农村饮水不安全人数为 29 810 万，另有 11.4 万所农村学校需要解决饮水问题”，并在“（五）规划目标”的“建设目标”中提出“十二五”期间规划解决 2.98 亿农村人口（含国有农林场）饮水安全问题和 11.4 万所农村学校的饮水安全问题
3	村域内工业污染源达标排放率	100%	
4	农膜回收率	80%以上	考虑到地区差异，以保底线原则，选用环保部生态村西部 80%的要求
5	农作物秸秆综合利用率	70%以上	考虑到地区差异，以保底线原则，选用环保部生态村西部 70%的要求
6	病死畜禽无害化处理率	100%	畜禽养殖污染防治条例要求“实现病死畜禽无害化处理”，等同引用农业部美丽乡村创建目标体系的量化值
7	畜禽粪便综合利用率	80%以上	考虑到地区差异，以保底线原则，选用环保部生态村西部 80%的要求
8	生活垃圾无害化处理率	80%以上	考虑到地区差异，以保底线、适当超前为原则，选用环保部生态村西部 80%的要求
9	生活污水处理农户覆盖率	70%以上	考虑到地区差异，以保底线、适当超前为原则，选用环保部生态村西部 70%的要求。环保部生态村的这一考虑指标采用的是处理水量与排水量的比值，在实际应用过程中较难操作，因此我们结合实际，提出以村域内生活污水处理农户的覆盖率为指标
10	使用清洁能源的农户数比例	70%以上	考虑到地区差异，以保底线原则，选用环保部生态村西部 70%的要求
11	林草覆盖率	20%以上	考虑到地区差异，以保底线原则，选用环保部生态文明示范村平原地区 20%的要求
12	卫生公厕拥有率	高于 1 座/600 户	
13	农村卫生厕所普及率	80%以上	考虑到地区差异，以保底线原则，选用环保部生态村西部 80%的要求
14	村卫生室建筑面积	大于 60 平方米	

表5.4(续)

序号	指标	指标要求	备注
15	学前一年毛入园率	85%以上	
16	九年义务教育目标人群覆盖率	100%	
17	九年义务教育目标人群覆盖巩固率	93%以上	
18	农村五保供养目标人群覆盖率	100%	
19	农村五保集中供养能力	50%以上	
20	建制村班车通达率	90%以上	考虑到地区差异，以保底线原则，选用中西部90%的要求
21	管护人员比例不低于常住人口	2‰	

（5）建设部颁布的中心村与一般村公共服务设施配置标准见表5.5、表5.6。

表5.5　　　　中心村村庄公共服务设施配置标准

类别	建筑名称	配置要求
村庄管理	村庄管理用房	建筑面积为100~200平方米，含警务、社保、医保等用房
教育	托幼（儿）园	生均占地面积为10平方米左右
	小学	小学的布点和规模应根据上位规划对教育设施的规划要求确定，生均占地面积为13~18平方米
医疗卫生	卫生站	建筑面积为50~100平方米
社会保障	五保家园	按人均0.1~0.3平方米的标准设置
	敬老院	占地面积为300~500平方米
文化体育	文化活动室	含科技服务点，建筑面积100~200平方米
	图书室	建筑面积为50~100平方米
	全民健身设施	结合小广场、集中绿地设置，用地面积一般不少于420平方米

表5.6(续)

类别	建筑名称	配置要求
商业服务	市场设施	占地面积为50~200平方米（1~2个中心村一处）
	放心店	建筑面积为50平方米左右
	邮政、储蓄代办点	结合商业服务建筑设置

表5.7　　一般村村庄公共服务设施配置标准

类别	建筑名称	配置要求
村庄管理	村委会办公室	建筑面积为100~200平方米，含警务、社保、医保等用房
教育	小学	小学的布点和规模应根据上位规划对教育设施的规划要求确定，生均占地面积为13~18平方米
医疗卫生	卫生室	建筑面积50平方米
社会保障	五保家园	按人均0.1~0.3平方米的标准设置
文化体育	文化活动室	含科技服务点，建筑面积为50~100平方米 小型运动场（篮球场）面积为420平方米
	图书室	建筑面积为50~100平方米
商业服务	放心店	建筑面积为50平方米左右

第三节　实习过程与方法

一、实习过程

（一）室内准备阶段

1. 确定实习小组

以班级为单位，采取自由组合原则，10人为一个小组并选定组长；组长负责小组日常工作管理、进度把握、人员协调，并负责与指导教师的沟通与衔接工作。

2. 查阅规划区相关资料，熟悉其基本情况

学生主要通过网络、图书馆收集相关资料。资料包括地理位置、自然条件、资源环境、社会经济与发展历史等；学生应重点了解村域范围、人口规模、农业产业与经济发展、村庄的规划布局、村庄的道路交通、村庄公建设施的配置和村庄历史文化和地方特色的保护等方面；学生可通过 Google 地图搜索、了解其地理区位与周边情况等。

3. 列出所要收集资料清单，讨论并拟定访谈提纲，讨论并制定调查问卷等

资料清单主要包括村域自然地理、人口与劳动力、特色产业发展等基础资料，村镇体系规划、土地利用规划等相关上位规划，相关地形图、图像及统计数据资料。

学生拟定访谈提纲的目的是通过乡镇政府管理部门及村委会了解乡村规划建设的现状、问题及发展设想等。

调查问卷主要针对村民进行问卷设置，问卷内容包括村民对生活现状的看法、在规划中的诉求及建议（问卷见附录）。

（二）实地调研阶段

1. 资料收集

学生从乡镇规划相关管理部门、村委会收集资料，主要涉及乡镇规划、国土及发展等部门；同时对相关人员进行访谈。

2. 问卷调查

学生主要采取对村民随机发放问卷的方式进行调查。

3. 现场勘查

学生要现场了解乡村整体风貌、结构、功能分区、主要节点、道路系统、历史文物、重大公共设施和市政设施的分布情况，并在地形图上标注；现场了解拟新规划的居民点聚居区的用地条件、周边环境情况等，并在地形图上标注。

（三）资料处理分析阶段

1. 资料处理

在资料处理阶段，学生要对所收集的文字、图形、图像等资料进行处理，对访谈及问卷的结果分组进行统计整理。

2. 专题研究

在专题研究阶段，学生要对规划中面临的重要问题进行专题研究，为规划方案的制订提供依据。专题研究主要涉及土地流转与宅基地复垦问题研究、土地撂荒问题研究、乡村特色产业发展研究以及乡村聚落形态的演变研究等。

（四）方案编制阶段

1. 方案比较

学生通过小组头脑风暴，初拟两个方案进行比较。

2. 方案交流

方案确定后，实习小组与指导教师进行交流，汇报规划构思，听取指导老师的意见，并就一些规划原则问题做深入沟通。

3. 方案修改

学生根据指导教师的意见对方案进行修改。

4. 意见反馈

学生将修改后的方案提交给指导老师并再次听取意见，对方案进行修改、完善后，转入成果编制阶段。

5. 成果编制

以小组为单位，讨论制订乡村总体规划方案，方案主要包括乡村发展的目标，性质定位，人口规模，用地规模及范围，乡村总体布局、空间结构及拓展方向，乡村建设用地布局规划，产业规划，道路系统规划，公共设施与工程设施规划，近期建设规划，生态环境保护与环卫设施规划、综合防灾体系规划、经济技术指标，用地平衡表、规划实施和管理等。

6. 主要成果

文本成果有：《乡村总体规划说明书》《乡村总体规划文本》《专题研究》《乡村总体规划资料汇编》。

图件成果有：区位图；土地利用现状图；规划区坡向、坡度及高程分析图；建设用地布局规划图；空间结构分析图；功能分区图；道路系统规划图；旅游产业规划图；道路系统规划图；公共设施与市政设施规划；历史文化与风景名胜保护规划图；景观与绿地系统规划图；近期建设规划图等。

（五）成果汇报阶段

以小组为单位，通过 PPT 和图纸展示方式，汇报规划成果。

二、常用方法

（一）乡村人口规模的预测方法

1. 综合分析法

综合分析法是指按照《村镇规划标准》，对乡村人口规模进行预测。最常用的模型为：

$$Q=Q_0\ (1+k)^n+P \tag{5.1}$$

其中：Q_0——现状人口；

k——自然增长率；

P——机械增长人数；

n——年限。

注意，本公式中的自然增长率和机械增长人数可以是负数。

人口自然增长率 k：出生人数和死亡人数代数和除以年初总人口。k 来自计划生育统计数据。

年自然增长数=年出生人数-年死亡人数

年自然增长率=年自然增长数÷年初总人口数×100%

人口机械增长数 P：人口迁入和迁出的代数和。P 按具体情况进行分析计算。

年机械增长数=年迁入人数-年迁出人数

2. 综合增长预测法

综合增长预测法适宜于经济发展稳定、机械增长率比较稳定的情况。模型为：

$$P=K\ (1+a+b)^n$$

其中：P——规划期末镇域总人口；

K——计算基期总人口数；

a——规划自然增长率；

b——规划机械增长率；

n——规划年限。

（二）乡村性质的确定方法

区位商法是分析产业的效率与效益的定量工具，是一种较为普遍的集群识别方法，用来衡量某一产业的某一方面，在一特定区域的相对集中程度。该方法也是确定乡镇发展性质定位的定量方法之一，其模型为：

$$LQ_{ij}=\frac{L_{ij}/\sum_{j}L_{ij}}{\sum_{i}L_{ij}/\sum_{i}\sum_{j}L_{ij}} \tag{5.3}$$

式中：i——第 i 个地区；

j——第 j 个地区；

L_{ij}——第 i 个地区、第 j 个地区的产出指标；

LQ_{ij}——第 i 个地区第 j 个行业的区位商。

（三）基于 AVC 三力理论的乡村空间特征判断

规划者可以借鉴乡村景观与旅游规划理论，依据景观规划设计三元论，基于 AVC 三力理论，以 GIS 为技术手段，分别从农村居民点吸引力（A）、生命力（V）和承载力（C）3 个方面，构建相应的农村居民点适宜度评价指标体系，建立 AVC 理论的吸引力、生命力和承载力评价模型，分别对应乡村的社会、经济和环境，即包括村庄社会吸引力、村庄经济生命力和村庄环境承载力这 3 个方面。居民点 AVC 评价体系通常采用层次分析法，研究结果可以科学判断农村居民点的现状和变动趋势，是合理调整村镇布局、规划新农村建设的基础。

基于 AVC 三力理论的空间相互作用如图 5.1 所示。

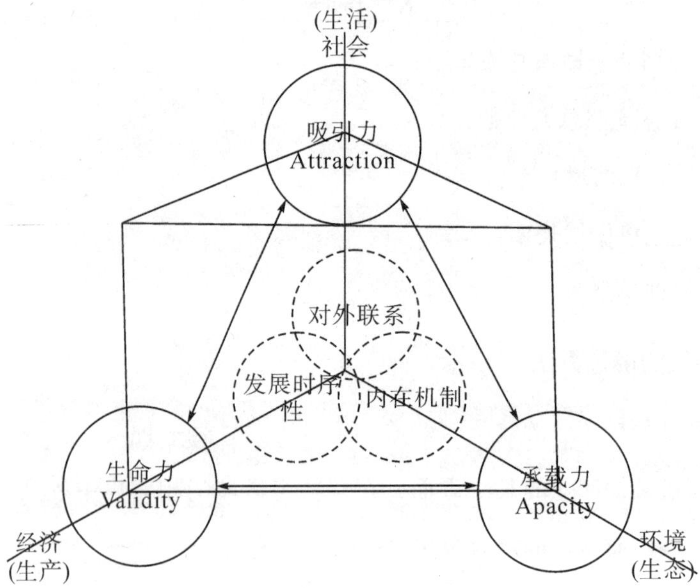

图 5.1　基于 AVC 三力理论的空间相互作用图

第四节　案例与拓展

一、区域概况

（一）区位条件

1. 地理区位

南城街道位于铜梁区南部，是城区“东拓南扩”的主要承载区。南城街道距重庆市区仅半小时车程，距成都 200 千米，距渝怀铁路火车站 15 千米，距重庆江北国际机场 65 千米，距长江集装箱码头 60 千米。马滩村位于南城街道南部，东北与黄门镇交界，东南依靠巴岳山，西边与土桥镇相邻，村内有淮远河穿过。

2. 交通条件

铜梁区处于重庆主城区 1 小时经济圈以内，遂渝高速公路经过铜梁区。319 国道从南城街道东南方向穿过，在建三环路从西北方向穿过。马滩村西部紧挨 310 省道，与铜梁城区距离不到 2 千米，村内有淮远河穿境而过，交通优势明显。马滩村区位图如图 5.2 所示。

图 5.2　马滩村区位图

（二）自然条件

1. 气候条件

马滩村属于亚热带季风性湿润气候，气候温和，四季分明，雨量充沛。境内年均气温为17.8℃，年平均降雨量为1 075毫米，无霜期有225天。

2. 地形条件

马滩村坡向分布较均匀，朝向多为西北面，属平丘地带；马滩村坡度起伏不大，东南方向有一定坡度起伏，最大坡度不超过50°，地块多为平坡地和缓坡地；规划区最高点位于西北部的山坡上，高程为758米；最低点位于淮远河谷，高程为255米。

3. 资源条件

村域内森林资源丰富，森林覆盖率较高，达33%以上，在村域东南方向有一座巴岳山，被当地居民称为“母亲山”。村域内有一条流经该村2 600米的淮远河，自东北向东南穿境而过，水资源较丰富，淮远河被当地居民称为“母亲河”。

4. 土地资源

村域总面积约为398.9公顷。各类土地利用现状面积见表5.7。

由表5.7可知马滩村耕地、林地面积所占比例最大，分别为59.29%和18.83%，奠定了以发展特色农业为基础的基本条件。

表5.7　　马滩村土地利用现状一览表（2014年）

序号	用地名称	用地面积（公顷）	占总用地比例（%）
1	水域	7.3	1.83
2	耕地	236.5	59.29
3	园地	34.6	8.67
4	林地	75.1	18.83
5	村镇建设用地	48.62	11.2
6	采矿用地	0.7	0.18
7	总面积	398.9	100

（三）社会经济

1. 人口与收入

村域现有人口2 906人，2013年马滩村经济资料统计显示，农民年人均纯收入达到 6 200 元。马滩村 2009—2013 年的人口情况见表 5. 8。

表 5. 8　　马滩村 2009—2013 年人口变动表

年份	年终总人口（人）	户数（户）	人口自然增长率（‰）
2009	2 864	1 004	4. 05
2010	2 876	998	4. 19
2011	2 890	1 003	4. 87
2012	2 901	1 004	3. 81
2013	2 906	1 019	1. 72

2. 产业发展现状

马滩村现有 3 000 多亩土地已流转，并由卢慧达公司、家泽生态园、威凯龙公司、千和苗圃等大型农业开发有限公司进行管理。马滩村现有水稻种植基地、蔬菜基地、葡萄园等，且都具有一定的规模，经济效益与发展趋势较好。马滩村 1~10 组目前主要以种植业、养殖业为主，主要农作物有水稻、玉米、高粱、红苕、蔬菜等，几乎所有土地已被流转；11~21 组土地流转近一半，主要以葡萄科技园、无公害蔬菜基地为主；14 组主要依托巴岳山景区发展，辖区内有砖厂和煤矿，目前经济效益较好。

3. 社会事业现状

马滩村现有小学 1 所、村委会 1 个、村卫生室 1 个、老年活动室 1 个，此外幼儿园以及文化、娱乐、体育场所较欠缺，公共服务设施较为滞后，尚未建立五保家园。

4. 市政设施现状

（1）村域内现已铺设完成供水管网，但自来水并未普及，居民主要采用自备井的地下水以供日常饮用；

（2）通电率及有线电视普及率皆达到 100%；

（3）村域现有电信线路比较混乱，并且均采用架空敷设；

（4）能源主要以柴、煤、太阳能、电力为主，目前尚未接通天然气；

(5) 农田水利排灌溉设施充足，农田灌溉水大多来自淮远河。

马滩村公共设施分布情况如图 5.3 所示。

图 5.3　马滩村公共设施分布图

二、规划背景

1. 新农村建设背景

《中共中央国务院关于推进社会主义新农村建设的若干意见》文件中，明确提出："建设社会主义新农村，是我国现代化进程中的重大历史任务，是新时期解决三农问题的重大举措。"中央提出新农村建设的二十字方针"生产发展、生活宽裕、乡风文明、村容整洁、管理民主"是对未来新农村蓝图的描绘。要科学制定社会主义新农村建设规划，各地要按照统筹城乡经济发展的要求，把新农村建设纳入当地经济和社会发展的总体规划，在促进农村经济发展的基础上，突出建设重点，加强饮水安全，加强农田水利、乡村道路、农村能源等基础设施建设，促进教育、卫生等公共事业发展。

2. 生态文明建设背景

党的第十八次全国代表大会响亮提出建设生态文明和美丽中国的号召，明确要求要在意识、制度及行动上同步推进，这也为生态乡村、美丽乡村建设提供了政治保障。

3. 农业现代化推进背景

党的第十八次全国代表大会明确提出新型工业化、信息化、农业现代化及新型城镇化——“四化”同步建设是当前乡镇经济社会发展的既定战略，乡村规划也必须融合此战略轨道。

4. 乡村文化的传承与保护背景

传统村落的规划与保护发展是改善农村人居环境的重要内容之一，也是彰显农耕文明、发展特色旅游的重要保障。改善农村人居环境，“必须尊重农村实际、尊重农村特色、尊重农民需要、尊重农耕文明、尊重农民主体地位”。

5. 城乡统筹发展背景

新型城镇化背景下，统筹城乡发展关键在于推进城乡基本公共服务均等化，而科学合理的乡村规划是实现乡村公共服务配置的主要途径。

6. 铜梁撤县改区背景

在铜梁撤县设区的背景下，铜梁区实施四大发展战略之一的旅游发展战略，而乡村旅游与观光农业是实施旅游发展战略的重要抓手，乡村规划建设势在必行。

三、关键问题

（1）在快速城镇化背景下，具有典型的地域特色的乡村的保护和发展问题。

（2）在快速城镇化、农民大量进城的背景下，空心村的改造模式问题。

（3）在旧村落改造和新的集中居民点安置中,新旧居民点的土地协调整合问题。

（4）乡村发展性质如何定位，从而避免千村一面的问题。

（5）乡村公共服务设施建设及有效利用问题。

（6）乡村规划建设如何避免城市化问题，如何体现乡村性问题。

四、实习成果

文本成果有：《马滩村总体规划说明书》《马滩村乡村总体规划文本》《马滩村专题研究》《马滩村总体规划资料汇编》。

图件成果有：马滩村区位图；马滩村土地利用现状图；马滩村域坡向、坡度及高程分析图；马滩村建设用地布局规划图；马滩村空间结构分析图；马滩村功能分区图；马滩村道路系统规划图；马滩村旅游产业规划图；马滩村道路系统规划图；马滩村公共设施规划图；马滩村历史文化与风景名胜保护规划图；景观与绿地系统规划图；近期建设规划图等。

五、思考与拓展

（1）基于地域场所精神下的乡村规划，如何维护乡村文化精神的认同和皈依？

（2）马滩村公共空间、半公共空间、半私用空间和私用空间是如何构建的？

提示：乡村规划空间按其功能要求一般划分为公共空间、半公共空间、半私用空间和私用空间四级。公共空间即乡村的公共干道和集中的绿地或游园，供村民共同使用。规划者在公共空间的规划上应与文化建筑、水面、曲桥、草坪、树木、雕塑小品或乡村公园、河流水系等结合在一起考虑，营造出一种舒适、幽雅的空间氛围。半公共空间是指其公共性具有一定的限度的空间，作为村民小组、家族内的半公共空间是供居民共同使用的，它是村民相互接触、熟悉、交流的地方，是邻里交往、游乐、休息的主要场所，也是防灾避难和疏散的有效空间，更是村民通过较完整的绿地和开阔的视野接近自然的场所。规划者在这部分的空间规划上应注重根据各村民小组、家族内的不同组合方式来考虑，并保证其交通畅通、功能齐全。半私用空间是住宅楼幢之间的院落空间，是居民就近休息、活动和健身的场地。规划者在规划上应注重其设施的多样化和完备性，把它规划成乡村中最具有吸引力的居民活动空间。私用空间即住宅底层庭院、楼层阳台与室外露台。底层庭院的设臵使村民可以自由种植，增加区域内的景观，又使村民有安全感。村民可以在楼层上的阳台眺望、休息、种植花卉。

附录：《马滩村总体规划》调查问卷

各位村民：

您好！我们是人文地理与城乡规划专业的学生，为更全面了解马滩村广大村民民情民意，特发此调查问卷，征求马滩村广大村民对本次规划的意见与建议，为建设自己美好的家乡献计献策，共创美好生活。本次调查是无记名的，您的意见对马滩村的未来发展非常重要，请您根据问卷上的要求，认真作答。谢谢您的支持与配合！

请您在符合自己情况、想法的选项前打钩。

一、个人基本情况

1. 您的性别：□男　□女

2. 您的年龄：□18 岁以下　□18~30 岁　□31~40 岁　□41~50 岁　□51~60 岁　□61 岁以上

3. 最高学历：□无　□小学　□初中　□高中　□大专　□本科及以上

4. 您的从业情况：（可多选）

□种田　□养殖/牧业　□务工　□开店做生意　□一般干部　□学生　□无业

二、家庭基本情况

5. 您家户口簿上有几口人：

□1 人　□2 人　□3 人　□3 人以上

6. 您的家庭结构形式为：

□个人独居　□两代同住　□三代同住　□四代同住

7. 家庭外出务工人数：

□无　　□1 人　　□2 人　　□3 人　　□3 人以上

8. 您家庭有____处宅基地。宅基地总面积为______。

你家人均耕地面积有______亩。

9. 您的家庭年收入为：

□<5 000 元　□5 000~10 000 元　□10 000~25 000 元　□25 000~50 000 元

□>50 000 元

10. 您的家庭收入来源包括：（可多选）

□农业林产收入　□牲畜产品收入　□自营工商业收入

□外地务农或务工收入　□家庭成员政府机关或村干部收入

□出租土地/设备/房屋收入

三、生活状况

11. 您了解各类信息的主要渠道是：（可多选）

□与人面对面交谈　□电视、报纸　□网络　□电话或手机

12. 您对本村的医疗设施及服务质量评价如何？

□非常满意　□满意　□一般　□不满意　□很不满意

13. 您家庭日常做饭主要采用：

□电　□木柴　□液化气灶　□沼气　□其他

14. 您对居住环境最不满意的是：（可多选）

□交通不便　□环境卫生差　□房屋年久失修

□公共服务设施（教育、医疗等）使用不便

□基础设施不配套（供水、排水、用电等）

15. 您对目前孩子的上学条件是否满意：

□非常满意　□满意　□一般　□不满意　□很不满意

16. 您农闲时，主要的消遣方式是

□看电视　□看书　□打牌打麻将　□喝茶聊天　□外出旅游

四、村民生活满意度

17. 您觉得日常购物是否方便?

□很方便　□一般　□不方便　□很不方便

18. 您觉得现在村里的卫生状况如何?

□好　□一般　□差　□很差

19. 您的日常出行是否方便?

□很方便　□一般　□不方便　□很不方便

20. 您看病就医是否方便?

□很方便　□一般　□不方便　□很不方便

21. 村庄需要增加哪些公共设施?(可多选)

□肉菜市场　□文化站　□运动场地(如篮球场)

□卫生站　□小学　□幼儿园　□公厕

□老人之家(敬老所)　□垃圾收集池

22. 您认为环境整治中最需要解决的问题?(可多选)

□拆除临时搭建的建筑　□拆除危旧房　□道路绿化硬化

□改善道路照明,增设路灯　□建设排水沟和下水管,改善生活污水排放问题

□建立公共卫生厕所　□改善村民饮水问题,建设自来水设施

□改善村民庭院及户与户之间的环境　□生活垃圾集中统一处理

五、居住意愿

23. 您对目前农村的生活状况是否满意:

□非常满意　□满意　□一般　□不满意　□很不满意

24. 您或家人最希望居住的地方:

□县城　□乡镇的镇区　□本村其他生活条件较好的地方

□不愿意搬迁　□都可以或没想好

25. 您认为自己或家人在搬迁至县城或镇区定居可能面临的最大困难是:(最多选3项)

□生活成本高　□子女上学困难　□住房难解决　□难找到稳定工作

□生活不习惯　□需要照顾留村老人　□无法兼顾农业生产

□无法融入新的社会关系

26. 如果能够明显改善居住条件，您是否愿意搬迁到新农村社区或镇区居住：

□有合适补助的话愿意　□不愿意

27. 如果提供新的宅基地给您，您愿不愿意从老村中搬出，归还现有宅基地？

□愿意　□要有一定的补偿才愿意　□不愿意

28. 您能接受的集中安置住房类型：

□多/高层公寓　□连排院落　□独立庭院

29. 如果新建住房，您希望建在什么地方？

□在统一规划新村内　□原地重建　□哪里都行

30. 您家耕地是否有闲置：

□有　□没有

31. 在有稳定回报的情况下，您是否同意统一流转耕地或林地：

□同意　□不同意

32. 您对本村发展和建设的其他建议：________________________

____

____

____

____

____

再次感谢您的参与，祝您生活愉快！

××调查组

第六章　中心镇区控制性详细规划实习

第一节　实习目的、要求与内容

一、实习目的

控制性详细规划是以总体规划或分区规划为依据，以土地利用及其开发控制为重点，详细规定建设用地性质、范围、使用强度、公共配套设施等控制指标、道路和工程管线控制性定位以及空间环境控制的规划要求的法定性规划，它强调规划设计与管理的衔接和落实，是对城市建设及土地开发活动进行规划管理的直接依据，并以此指导修建性详细规划的编制。

学生通过实习，应掌握中心镇区“控制性详细规划”（以下简称“控规”）编制的内容和方法；在贯彻执行国家建设部及地方颁布的控规编制办法的基础上，分析土地使用规划控制的功能性、经济性、法规性，制定城市空间设计的规划导则，建立修建性详细规划制定的操作原则和规定；熟悉中心镇区控制性详细规划的整体环节。

二、实习要求

1. 专业运用要求

控规实习主要培养学生调查分析与综合思考的能力，要做到因地制宜、经济技术合理、理论联系实际以及充分反映建设用地环境的社会、经济、文化和空间艺术的内涵，使设计成果既切合现实又具有建设的导向作用，既严谨规范便于操作实施，又具有适当灵活性的特点。控规实习要求学生从实践中进一步加深对专业理论的理解，掌握合理确定土地利用的方法，掌握建筑建造控制与引导的原则，掌握配套设施的配套配置方法，掌握合理控制交通活动、交通组织、出入口方位及数量的方法。

2. 实习成果要求

中心镇区控制性详细规划实习提交成果包含三部分：规划文本、规划图纸和附件。文本要求文字表达规范、准确。规划图纸要求比例尺适当，内容齐全，图像表达清晰。附件主要包括规划说明书和基础资料汇编。

3. 组织纪律要求

实习分组进行，组长负责组员的所有行动并与指导教师沟通。实习过程中同学之间要相互学习，积极探讨，相互关心和帮助，共同完成实习任务，同时要严格遵守时间和安全纪律。

三、实习内容

（1）学生通过实地调研，确定规划范围内各类不同使用性质用地的界线，规定各类用地内适建、不适建或者有条件的允许建设的建筑类型；

（2）学生依据相关规范和实地调研，确定各地块建筑高度、建筑密度、容积率、绿地率等控制指标；规定交通出入口方位、停车泊位、建筑后退红线距离、建筑间距等；

（3）学生依据相关规范和实地调研，提出各地块的建筑体量、体型、色彩等要求；

（4）学生依据相关规范和实地调研，确定各级支路红线位置，控制点坐标和标高；

（5）学生根据规划容量，确定工程管线的走向、管径和工程设施的用地界线；

（6）学生制定相应的土地使用及建筑管理规定。

第二节　实习原理与技术依据

一、实习原理

实习原理包括：用地性质与土地使用兼容性确定的原则；用地容积率确定的原则；用地建筑密度与绿地率确定的原则；用地建筑限高、建筑后退及建筑间距确定的要求与原则；用地交通活动控制的要求及原则；用地建筑高度、体量、形式及色彩控制的要求及原则；用地整体发展、以人为本的与可持续发展的原则；有效规划控制、近远期结合及历史文化保护与生态环境优先的原则等。

二、技术依据

（一）法律与规范

（1）《中华人民共和国城市规划法（2008 年）》；

（2）《城市规划编制办法（GB50220-95）》；

（3）《城市用地分类与规划建设用地标准（GB50137-2011）》；

（4）《城市居住区规划设计规范（2006 年）》；

（5）《城市道路交通规划设计规范（2008 年）》；

（6）规划区所在省市的相关法规；

（7）规划区所在省市的相关规划。

（二）相关标准

1. 确定土地使用强度控制指标应符合的规定

（1）规划者应依据城市总体规划或分区规划的控制要求，科学合理地确定控制指标；

（2）规划者应根据所在城市的建设规模、城市发展的环境容量，保证城市中的建筑合理分布和提高环境质量；

（3）土地使用应符合开发建设的政策要求，保证开发目标的实施；

（4）规划者应根据土地区位级差和土地使用性质的不同，确定控制指标，提高城市土地的利用率，保证合理的投入产出比。建筑密度与容积率可参照表 6.1 规定。

表 6.1　　建筑密度与容积率控制指标

类　别	旧　区				新　区	
	中心区		一般地区		建筑密度	容积率
	建筑密度	容积率	建筑密度	容积率		
R 低层住宅	30%~35%	0.6~1.0	25%~32%	0.5~0.8	25%~30%	0.5~0.7
R 多层住宅	25%~28%	1.2~1.7	25%~28%	1.0~1.6	25%~28%	1.0~1.5
C 多层办公	30%~35%	1.5~2.5	25%~32%	1.2~2.2	25%~30%	1.2~2.0
C 多层商业	35%~40%	1.5~2.5	25%~35%	1.2~2.2	25%~30%	1.2~2.0
CR 多层商住	25%~35%	1.5~2.5	25%~30%	1.5~2.0	20%~30%	1.2~1.8

注：大城市高层建筑的容积率可在此基础上上浮 50%~100%；

新区宜取下限数值。

2. 地块的绿地率控制

地块的绿地率控制应根据地块的不同使用性质、区位条件及城市性质确定，可参照表 6.2 规定。

表 6.2　　**绿地率控制指标**

<table>
<tr><th colspan="2" rowspan="2">类别</th><th colspan="2">新　区</th><th colspan="2">老　城　区</th></tr>
<tr><th>一般城市</th><th>风景旅游城市</th><th>一般城市</th><th>风景旅游城市</th></tr>
<tr><td colspan="2">住　宅</td><td>>32%</td><td>>40%</td><td>>30%</td><td>>35%</td></tr>
<tr><td rowspan="4">公建</td><td>商服中心</td><td>>25%</td><td>>30%</td><td>>20%</td><td>>25%</td></tr>
<tr><td>医疗卫生</td><td>>35%</td><td>>40%</td><td>>35%</td><td>>40%</td></tr>
<tr><td>大专院校</td><td>>35%</td><td>>40%</td><td>>35%</td><td>>40%</td></tr>
<tr><td>其　他</td><td>>30%</td><td>>35%</td><td>>25%</td><td>>30%</td></tr>
<tr><td rowspan="2">工业</td><td>一类工业</td><td>>25%</td><td>>30%</td><td>>20%</td><td>>25%</td></tr>
<tr><td>二类、三类工业</td><td>>30%</td><td>>35%</td><td>>30%</td><td>>35%</td></tr>
<tr><td colspan="2">仓　库</td><td>>20%</td><td>>25%</td><td>>20%</td><td>>25%</td></tr>
<tr><td colspan="2">其　他</td><td>>20%</td><td>>25%</td><td>>15%</td><td>>20%</td></tr>
</table>

注：中小城市和山区城镇在此基础上可上浮 3%~5%。

3. 地块控制指标统计样本（见表 6.3）

表 6.3　　**地块控制指标一览表**

<table>
<tr><th rowspan="2">片区编号</th><th rowspan="2">地块编号</th><th rowspan="2">用地性质代码</th><th rowspan="2">用地性质（Ⅰ）</th><th rowspan="2">用地面积（m²）</th><th rowspan="2">容积率</th><th rowspan="2">建筑密度（%）</th><th rowspan="2">绿地率（%）</th><th rowspan="2">建筑控制高度（m）</th><th rowspan="2">停车泊位（个）</th><th rowspan="2">禁止开口路段</th><th rowspan="2">出入口方位</th><th rowspan="2">配套设施项目名称</th><th rowspan="2">备注</th><th colspan="2">土地使用兼容性规定</th></tr>
<tr><th>用地性质（Ⅱ）</th><th>用地性质（Ⅲ）</th></tr>
<tr><td rowspan="9">XX</td><td>X-01</td><td></td><td></td><td></td><td></td><td></td><td></td><td></td><td></td><td></td><td></td><td></td><td></td><td></td><td></td></tr>
<tr><td>X-02</td><td></td><td></td><td></td><td></td><td></td><td></td><td></td><td></td><td></td><td></td><td></td><td></td><td></td><td></td></tr>
<tr><td>X-03</td><td></td><td></td><td></td><td></td><td></td><td></td><td></td><td></td><td></td><td></td><td></td><td></td><td></td><td></td></tr>
<tr><td>X-04</td><td></td><td></td><td></td><td></td><td></td><td></td><td></td><td></td><td></td><td></td><td></td><td></td><td></td><td></td></tr>
<tr><td>X-05</td><td></td><td></td><td></td><td></td><td></td><td></td><td></td><td></td><td></td><td></td><td></td><td></td><td></td><td></td></tr>
<tr><td>X-06</td><td></td><td></td><td></td><td></td><td></td><td></td><td></td><td></td><td></td><td></td><td></td><td></td><td></td><td></td></tr>
<tr><td>X-07</td><td></td><td></td><td></td><td></td><td></td><td></td><td></td><td></td><td></td><td></td><td></td><td></td><td></td><td></td></tr>
<tr><td>X-08</td><td></td><td></td><td></td><td></td><td></td><td></td><td></td><td></td><td></td><td></td><td></td><td></td><td></td><td></td></tr>
<tr><td>X-09</td><td></td><td></td><td></td><td></td><td></td><td></td><td></td><td></td><td></td><td></td><td></td><td></td><td></td><td></td></tr>
</table>

4. 配套公共服务设施标准图例（见图 6.1）

图 6.1　配套公共服务设施标准图例

5. 规划图件要求

规划图是指为说明规划情况和研究过程的各类专项规划图，包括 8 张基本图纸，其他可根据规划范围内的具体情况适当增加图纸。

（1）区域位置图（比例不限）；

（2）土地使用现状图（1∶1 000~1∶2 000）；

（3）土地使用规划图（1∶1 000~1∶2 000）；

（4）道路系统规划图（1∶1 000~1∶2 000）；

（5）地块编号图（1∶1 000~1∶2 000）；

(6) 配套公共服务设施规划图(1∶1 000~1∶2 000);

(7) 城市设计引导图(1∶1 000~1∶2 000);

(8) 工程管线综合规划图(1∶1 000~1∶2 000)。

第三节 实习过程与方法

一、实习过程

(一) 室内准备阶段

1. 组建实习小组

以班级为单位,采取自由组合原则,10 人为一个小组并选定组长;组长负责小组日常工作管理、进度把握、人员协调,并负责与指导教师的沟通与衔接。

2. 初步了解规划区基本情况

学生可借助网络、图书馆、Google 地图等工具,收集规划区相关基础资料,主要包括区位、自然地理、社会人文、经济条件、环境条件、历史沿革、现状建设情况及周边环境等情况。

3. 列出资料调查表,制定调查问卷和访谈提纲等

资料调查表主要包括:规划区的基础资料,即规划区自然、社会与经济资料;土地价格的级差分布情况资料,土地资源开发利用存在的主要问题和相关发展规划资料;上位规划资料;相关地形图、图像及统计数据资料。

学生制定访谈提纲的目的是通过相关政府管理部门了解规划区城市规划建设的现状、问题及发展设想等。

调查问卷主要针对规划区居民而设置,内容包括居民对规划区城市规划建设方面的建议与诉求(问卷见附录)。

（二）现场勘探与资料收集阶段

（1）学生要实地考察规划区的自然条件，现状土地的使用情况，土地权属占有情况，绘制现状图，现状图纸绘制应按相应要求进行；

（2）学生要实地考察现状基础设施状况（道路交通、市政公用设施等）、建筑状况（建筑性质、建筑质量、建筑高度等）；

（3）学生要实地考察规划区的周边环境，尽可能俯视规划区全貌；

（4）学生要实地考察规划区内文物保护单位和拟保留的重点地区、地段与构筑物的现状及周围情况；

（5）学生要走访有关部门，如走访规划局了解规划区规划建设情况；走访国土与房管局了解规划区土地利用情况、房地产市场供求情况，价格水平，发展趋势；走访水务部门了解河流水系分布、洪水水位数据、相关给排水措施；走访电力电信部门了解区域供电设施、高压走廊的位置等级，现有电信设施布局等。

（6）学生要实地考察规划区所在镇区概貌。

（三）资料分析阶段

该阶段学生要对现场勘探与收集的资料进行整理与分析，一般可从用地结构、道路交通、基础设施、建筑质量、景观风貌和建筑管理等方面进行整理和分析，找出现状存在的主要问题，确定规划目标和指导思想，对城市功能结构、建筑空间、景观环境等方面的规划控制进行研究。分析研究中需要做到以下几点：

（1）学生以落实上一层次规划的要求为基础，对总体规划所确定的城市社会经济发展、城市建设的历史、自然环境及城市基础设施等内容进行深入细致的分析研究；明确规划范围内现状用地情况等；

（2）学生对各部门提供的资料与实地考察收集到的资料相结合，进行系统分析，必要时要进行专题研究；

（3）学生对收集的资料进行从定性到定量的系统分析和整理，提出问题并给予相应的解决对策。

（四）方案编制阶段

控制性详细规划方案阶段一般要经过构思、协调、修改、反馈的过程，这个过程根据项目的不同，反复的次数也不同，一般要经过 2~3 次。学生在此阶段应初步确定地块细划与规划控制指标。

（1）方案比较：方案编制初期要有两个方案进行比较和技术经济论证。

（2）方案交流：学生提出方案后与指导教师进行交流，向其汇报规划构思，并就一些规划原则问题做深入沟通。

（3）方案修改：学生根据指导教师的意见对方案进行修改。

（4）意见反馈：学生将修改后的方案提交给指导老师并再次听取意见，对方案进行修改、完善后，转入成果编制阶段。

（五）成果编制阶段

控制性详细规划应以用地控制管理为重点，以实施总体规划意图为目的，其成果内容重点在于规划控制指标的制定。

文本成果有：《镇区控制性详细规划说明书》《镇区控制性详细规划文本》《镇区控制性详细规划基础资料汇编》。

图件成果有：区域位置图（比例不限）；用地现状图（1∶1 000~1∶2 000）；用地适应性评价图（1∶1 000~1∶2 000）；土地利用规划图（1∶1 000~1∶2 000）；道路交通规划图（1∶1 000~1∶2 000）；竖向规划图（1∶1 000~1∶2 000）；公共服务设施规划图（1∶1 000~1∶2 000）；工程管线规划图（1∶1 000~1∶2 000）；环卫、环保规划图（1∶1 000~1∶2 000）；城市设计导则图（1∶1 000~1∶2 000）；地块划分编号图（1∶5 000）；分图图则（1∶500~1∶2 000）。

（六）成果汇报阶段

以小组为单位，通过 PPT 和图纸展示方式，汇报规划成果。

二、方法与技术手段

各项控制指标是控制性详细规划的核心内容，实践中采用的指标赋值方法多种多样，一般有以下几种：城市整体密度分区原则法、环境容量推算法、人口推算法、典型实验法、经济推算法和类比法。

（一）城市整体密度分区原则法

该方法是根据微观经济学区位理论，从宏观、中观、微观三个层面，确定城市开发总量和城市整体密度（此处的密度即开发强度），建立城市密度分区的基准模型和修正模型，进行各类主要用地的密度分配，为确定地块容积率、制定地块密度细分提供原则性指导。

此方法优点是在区位理论基础上，将分区管理控制向系统化、数据化、精细化方向大大推进，使城市规划控制管理中各项指标的确定更具严密性，进一步提高了控制性详细规划编制、指标制定的科学性。但分区推导模型内容体系构建尚待进一步探讨，模型中各项因子在选择和推导过程中，各因子所占比重的确定等因素，对于分区控制合理性程度、密度分配结果有很大影响。

（二）环境容量推算法

环境容量推算法基于环境容量的可行性来制定控制指标，即根据建筑条件、道路交通设施、市政设施、公共服务设施的状况及可能的发展规模和需求，按照规划人均标准推算出可容纳的人口规模及相应的容积率等各项指标。

此方法优点在于计算比较简便，结果在一定情况下较为准确；缺点是指标确定因素较单一，综合适应性不强。环境容量指标较多，我们仅以供水容量推算主要控制性指标过程为例做一简单介绍：

（1）建设用地面积=现状或规划用水量÷单位建设用地综合用水量；

（2）人口容量=建设用地面积÷人均建设用地指标值；

（3）建筑总量=规划人均建筑面积×人口容量。

（三）人口推算法

人口推算法是指规划者根据总体规划或分区规划对控制性详细规划范围内的人口容量以及城市功能的规定，提出人口密度和居住人口的要求；按照各个地块的居住用地面积，推算出各地块的居住人口数；再根据规划近期内的人均居住用地、人均居住建筑面积等，推算出某地块的容积率、建筑密度、建筑高度等控制指标。

此方法优点是资料收集方便，计算方法简易；缺点是对上级规划依赖性强，对新出现的情况适应性不强，且只适用于以居住为主的地块。

人口推算法推算主要控制性指标过程如下：

（1）规划范围内居住用地总面积=人口容量×人均居住用地面积；

（2）按功能分区组织要求划分地块，分配居住用地；

（3）地块人口容量=地块居住用地面积÷人均居住用地面积；

（4）地块居住建筑量=地块人口容量×人均居住建筑面积；

（5）地块容积率=地块建筑总量÷地块面积；

（6）根据上级城市设计及其他法定规划、规范对建筑限高控制，综合确定建筑限高值和建筑平均层数；

（7）地块停车位个数=地块建筑量×停车位配置标准。

（四）典型实验法

典型实验法是指规划者根据规划意图，进行有目的的形态规划，依据形态规划平面计算出相应的规划控制指标，再根据经验指标数据，选择相关控制指标，两者权衡考虑，用作地块的控制指标。

这种方法的优点是形象性、直观性强，便于掌握，对研究空间结构布局较有利；缺点在于工作量大并存在较大局限性和主观性。

（五）经济测算法

不同容积率的地块有着不同的产出效益，经济测算法就是指规划者根据土地、房屋搬迁、建设等价格和费用的市场信息，在对开发项目进行成本—效益分析的基础上，确定一个合适的容积率，使开发商能获得合适的利润回报，保证项目的顺利实施。

这种方法的优点是科学性和可实施性强；缺点在于采用静态匡算的方法，一些重要测算指标如房地产市场供求与价格等处于不断变化中，就难免导致测算结果不够准确。

（六）类比法（经验归纳统计法）

类比法是指规划者通过分析比较与项目性质、类型、规模相类似的控制性详细规划项目案例，选择和确定相关控制指标，如容积率、建筑密度、绿化率等。

这种方法的优点是简单、直观、明确；缺点是规划者只能在相类似的规划项目中选取控制指标数值，如有新情况出现，则难以准确把握。

以上指标赋值方法各有特点，规划者根据规划项目条件、内容、目标的不同，可针对性地选择使用，而每种方法在确定指标时都难免存在不足之处。所以，规划者在实际工作中一般可采用多种方法相互印证，综合运用上述方法来确定规划控制指标。

第四节　案例与拓展

一、区域概况

（一）自然概况

1. 区位

蒲吕镇面积为 67 平方千米，全镇人口为 36 080 人，下辖 26 个村、2 个村民委员会，村民小组有 206 个。镇区位于铜梁区城东南 13 千米，东经 106°6′52″至 106°11′56″处，东西长 8.08 千米，南北宽 7.5 千米。镇区东邻璧山县依凤镇和大路镇，东南临璧山县新民乡（现大路镇），南连庆隆乡，西靠巴川镇，西北接全德镇，北面与二坪、旧县镇接壤。境内有一山（东山尾，名毓青山）、三河（小安溪、淮远河、双河）、三路（铜合路、蒲全路、渝遂高速路），特别是高速公路横穿本镇，并设互通出口，距重庆 42 千米。

2. 地貌与地质

蒲吕地形成不规则的菱形，北端大于南端，区境东部如安桥、大坪、龙山、人和村部分靠东山尾，属西温泉背斜低山石曹谷地貌，山麓一带属中丘中谷地貌。南部靠庆隆乡和西部原石岗所处的地区，属浅丘、宽谷地貌；北部靠旧县，属浅缓丘、宽谷地貌；中部坡多，但较平缓，多为馒头状小丘。小安溪河从中部穿流，淮远河从北部边沿部分村流过，由于流水截角作用，形成不明显的冲积阶地。区境内有山、有水、有坝，丘谷兼备，地势起伏变化不是很大。蒲吕的地形东南稍高，有大小东山，西北偏低，有溪河纵横，均属丘陵地带，海拔均在400米左右。

3. 气候与水文

蒲吕的气候，在铜梁区的气候区划上，大部分属温势浅丘宽谷气候区。东部少数地区海拔在400米以上，属温凉山地气候区的气候，年平均气温为15℃，年总积温为6 165.2℃，极端最高气温可达37.7℃，极端最低气温为5℃，年总降水量为947.5毫米。西部和中部海拔在300米以下的属温势浅丘、宽谷气候区，这一带热量丰富，年平均气温为16℃，年总积温为6 597.2℃，极端最高气温可达40.5℃，极端最低气温为8℃。蒲吕日照充足，年日照时数为1 061.8~1 527.2小时，雨量充沛，年降雨量平均为1 050厘米。蒲吕水力自然资源丰富，小安溪河从中部纵流，淮远河从全德流经镇的西部边沿部分村，两溪河由于流水截割作用，沿途汇集各种溪沟，形成树板状水系分布。蒲吕地下水流丰富，山地谷中多处溪沟纵流，汇集山沟流水，山麓一带中丘中谷地貌间，受两山流水作用，形成格子状水流，水源充足，蓄水方便，灌溉利用率较高，为农田用水提供了便利。小安溪流域面积为833千米，有136条支流，发源于永川区永荣镇白龙洞，在永嘉镇的窝沱进入铜梁境内，于永清镇长渡口进入合川区，在铜梁境内长88.3千米。

蒲吕镇镇区区位图如图6.2所示。

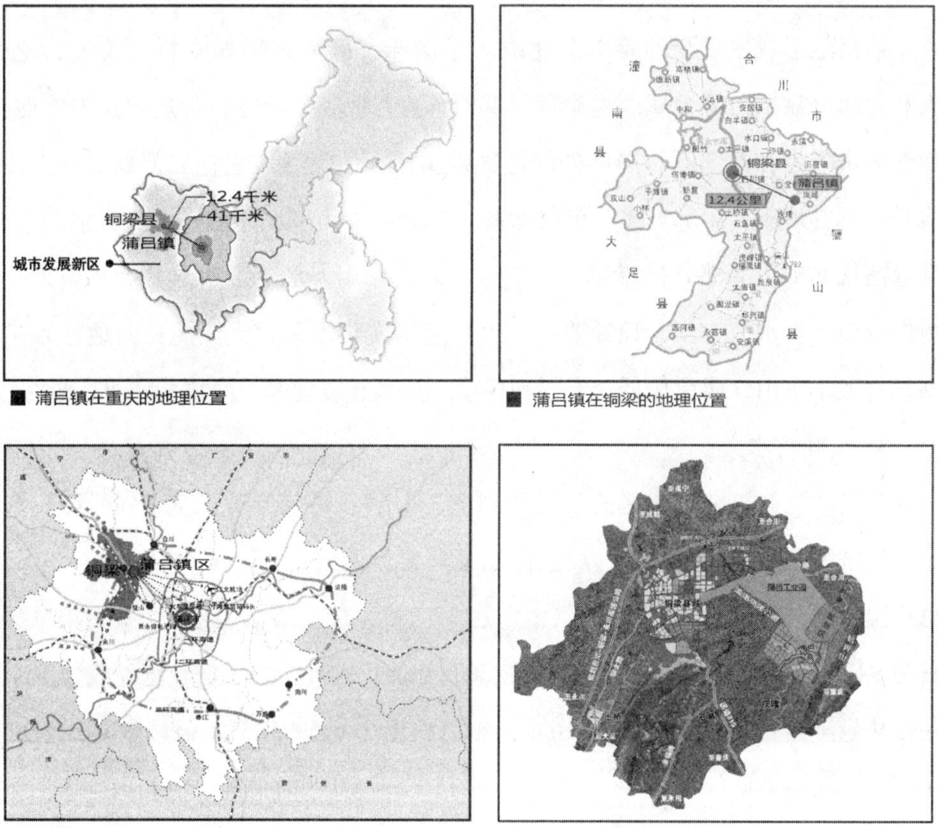

蒲吕镇在重庆的地理位置　　蒲吕镇在铜梁的地理位置

蒲吕镇在铜梁的交通区位　　规划区在铜梁的地理位置

图 6.2　蒲吕镇镇区区位图

（二）社会与经济

1. 历史沿革

蒲吕镇历史悠久，早在四千多年前镇域已有人类聚居，清康熙六十年（1721）建场，清乾隆四十年（1775）因有蒲、吕二姓设店，改名为蒲吕场，1917 年改场为乡。新中国成立初期，即 1949 年 12 月至 1950 年 8 月蒲吕乡隶属第二区，1950 年 9 月成立第八区，蒲吕乡隶属第八区，以后随驻地名改为蒲吕区，蒲吕乡隶属蒲吕区。1953 年，铜梁县调整乡镇，蒲吕乡划分为蒲吕、接龙、石龙、石桥四个乡；1955 年 12 月至 1958 年 8 月合作化时期，接龙乡合归为蒲吕乡，石桥乡合归为石龙乡；1958 年 9 月铜梁实现人民公社化，乡改为公社，石龙乡改为石龙公社合并到蒲吕公社；1961 年以小安溪河为界，蒲吕乡又分为蒲吕公社和石龙公社；1983 年公社改为乡，变成蒲吕乡、石龙乡，以后改为石虎乡。1989 年，四川省人民政府川府民政（1989）33 号文件，撤销蒲吕、石虎乡，建立蒲吕镇。2006 年，岚峰乡被划入蒲吕镇。

2. 教育与文化

蒲吕镇有中心卫生院 1 所，蒲吕中心卫生院为一级甲等医院，另有一级乙等乡级卫生院 1 所；有建制学校 4 所，分别是蒲吕中学、蒲吕镇中心小学、蒲吕镇石虎小学和岚峰小学；有文化体育服务中心 2 个，分别为蒲吕文化体育服务中心和岚峰文化服务中心，建有活动室、图书室、阅览室，文艺队伍等；有电视广播站 2 个。

3. 经济发展

蒲吕镇坚持以经济建设为中心，实施农业稳镇、工业强镇、三产业富镇、开放活镇、科技兴镇战略，经济增长速度快。2013 年，蒲吕镇实现财政收入 2 980. 5 万元，同比增长 1. 3%，其中税收 2 640. 43 万元；镇工业总产值完成 37. 8 亿元，同比增长 56. 4%，工业增加值完成 12. 7 亿元，同比增长 48. 6%；500 万元以上固定资产投入完成 46. 85 亿元，同比增长 91. 36%。

（1）工业

2013 年，蒲吕镇引进耀虎动力等项目，总投资 5. 1 亿元。目前，园区蒲吕片区已形成 3 平方千米框架，投产和在建企业 60 余家，机械制造、电子电器等主导产业链条日益完善，产业集群逐步形成。镇域矿区现有生产企业 8 家，辖采场 10 个，1 月至 12 月，矿石产量达到 450 万吨，创造税收 1 300 万元、利润 2 250 万元，蒲吕镇岚峰矿区已成为重庆建材产业重要基地。

（2）农业

2013 年传统农业种植规模再度提高，岚峰金银花种植有 2 000 亩，产出达 100 余吨，产值近 200 万元。蒲吕新建玉米 500 亩、小麦 100 亩、水稻 100 亩高产示范片；发展科技示范户 50 户，大力推广农业技术，提升现代农业效益。特色农业产业化经营再破新局，蒲吕积极推进大鲵养殖技术，在沙心村建成占地 3 亩的全市最大的大鲵养殖基地，养殖大鲵 10 000 余尾；加快推进“沙心农业生态示范园”建设，建成新型环保养殖基地，年出栏生猪 1.5 万头；种植玫瑰 1 000 亩，奠定了观赏农业的基础；依托青山梨子和康济樱桃两个专业合作社，重点打造樱桃、梨子、西瓜等产销一体化模式，当地农户年均增收上万元。2013 年，全镇完成农业土地综合产出率达 6 761 元/亩。

（3）旅游业

蒲吕“沙心·玫瑰园”被列入铜梁区“一城三区五朵花”乡村旅游规划进行重点打造，规划面积为 3 000 亩，总投资 1 亿元。截至目前，沙心农民新村已建成 83 幢、166 户，水电气管网建成后可入住；游客接待中心主体竣工，完成 5 千米草油路、4 千米休闲健身步道、主题广场、环湖公路、公厕、停车场等工程建设；完成“玫瑰大观园”主体设计，栽植玫瑰花 1 000 亩。建成后，沙心农民新村将成为集休闲、娱乐、观光为一体的乡村旅游胜地，将带动整个镇域经济结构调整和产业优化升级。

4. 道路交通设施

蒲吕镇位于铜梁区东部，距离城区 12.4 千米，距离沙平坝约 40 千米。规划区内现有县道 X383，红线宽 4~10 米，其他多为联系各村的机耕道，红线宽 3~4 米。产业大道、龙山大道、岚蒲路、滨河西路已部分完工并投入全用，穆连街为现状老街需改造升级。整个交通体系尚未形成，存在如下问题：

（1）道路不成系统，分级不清，功能不明确；

（2）道路等级偏低，路面差，坡度大，弯道急；

（3）道路交通设施缺乏。

5. 市镇公用设施

蒲吕镇生产生活用电由蒲吕 35 千伏变电站供给，该变电站隶属铜梁供电公司，全称为重庆市铜梁供电公司蒲吕变电站，占地面积为 1 334 平方米。

蒲吕邮政支局所辖有蒲正、全德、新兴、庆隆、岚峰 5 个邮政所。规划区内主要是采用电和罐装液化石油气作为生活能源。农村以烧煤和木材为主。

2003年蒲吕镇采取引资和自筹资金的办法，从铜梁城区敷设水管至蒲吕镇，解决了蒲吕场镇、单位、学校、居民的人畜饮用水问题，工程投资700余万元，工程竣工后，蒲吕设供水站，日供水量为400吨。农村饮水主要通过井水解决。规划区内现无雨污水管道系统，镇区目前采用下水道排除雨污水，乡村全部直接排放。

蒲吕镇镇区综合现状图如图6.3所示。

图6.3　蒲吕镇镇区综合现状图

（三）相关规划

1.《铜梁区工业园区全蒲片区控制性详细规划》

（1）规划范围

该片区位于铜梁城区东部，是未来城市东拓发展的核心地段，规划面积为15.22平方千米。具体范围为北以淮远河为界，南以原蒲吕工业园区规划范围为界，西以渝遂高速为界，东抵陈家院子。

（2）规划规模

规划区用地面积为 1 521. 74 公顷，其中城市建设用地 1 434. 43 公顷，工业用地 750. 55 公顷，居住用地 193. 88 公顷，规划常住人口规模控制为 50 000 人，产业人口规模约为 94 000 人。

（3）功能定位

该片区定位为以装备制造业、汽车摩托车、电子信息为主导，集工业展销、行政商务、园林式居住等配套功能为一体的现代生态工业园区。该片区重点发展装备制造业、机械加工业、电子信息业等三大主导产业。

（4）发展目标

该片区以“兴工富民强区”发展战略为导向，依据“一区两园”的总体布局思路，坚持走新型工业化道路，主动配套服务重庆大工业，做大做强优势产业，大力发展电子信息产业，积极培育经济新增长极，逐步把规划区建设成为重庆市的笔记本电脑配套基地之一、铜梁区新兴产业的集聚区、城市形象的重要展示窗口。预计至 2020 年，该片区工业总产值达到 400 亿元。

（5）空间布局

规划区位于铜梁城区东部，地处巴岳山自然山体延伸区，淮远河、小安溪河腹地，是铜梁区工业园区的重要组成部分。规划区以贯穿园区的城市干路系统为骨架，依托优越的自然环境景观资源，保持整体环境质量，逐步建成为产城一体化的现代生态工业园区，形成“一园四区”的布局结构。

2.《铜梁区蒲吕镇总体规划》（2007—2020 年）

（1）规划范围

镇域规划范围为蒲吕镇行政辖区范围，辖区面积为 67 平方千米，辖 26 个村、2 个居民委员会。镇区规划范围包括现状镇区、工业园区和周边各村部分用地，面积共约 14. 5 平方千米。

（2）规划期限

规划期限为近期：2007—2012 年。远期：2013—2020 年。

（3）镇区性质

规划区拟打造为蒲吕镇的政治、经济、文化中心；铜梁区的门户和公路交通枢纽；以发展机械加工制造业和物流业为主的工业园区。

（4）空间布局

根据镇区道路骨架，以及小安溪和渝遂高速路对规划区的划分，规划区将用地形态与结构规划为“一廊五片”，整个结构由小安溪延伸出一条“滨水绿化通廊”，以“滨水绿化通廊”和主要交通干道为整个规划的骨架分片布置功能分区。

蒲吕镇土地资源概况如表 6.4 所示。

表 6.4　　　　蒲吕镇土地资源概况

		面积（万亩）	比例（%）	备注
辖区面积		9.99	100.00	
耕地	田	2.316 1	23.18	
	土	1.638 6	16.40	
	合计	3.954 7	39.59	
园地		0.182 5	1.83	
林地		4.300	43.04	
水域		0.297 4	2.98	
交通		0.4	4.00	
城乡房屋厂矿		0.55	5.51	
其他		0.305 4	3.06	

二、规划背景

1. 铜梁区撤县改区背景

2014 年经国务院批复同意，重庆市撤销铜梁县，设立铜梁区。新区成立后，市委市政府大力支持铜梁社会经济发展，将铜梁规划建设成为 52 平方千米 48 万人口的城市新区，打造成为新兴工业城市、文化旅游胜地、生态宜居城市。行政区划调整对区域发展和城市建设提出了新要求。

2. 蒲吕镇实施“369”发展战略背景

2014 年，蒲吕镇全力实施“369”发展战略（即把握“打造渝西工业重镇、建设铜梁城市新区、助推蒲吕乡村高地”三大定位，坚持“依托园区、建设新城、反哺农业、民生优先、项目推进、督查保证”六条路径，突出抓好“征地拆迁、城市建设、招商引资、岚峰建材、乡村旅游、特色农业、民计民生、安全稳定、党的建设”九项重点工作）。

3. 生态文明建设背景

生态文明建设背景下，“看得见山、望得见水，记得住乡愁”是城乡规划的目标之一，规划者要通过控制性详细规划的土地使用、环境容量控制、建筑建造以及城市设计引导等手段实现蒲吕镇区的这一规划建设目标。

三、关键问题

（1）本规划区涉及的上一层次的相关规划主要有《重庆市铜梁区县城总体规划（2003—2020）》《铜梁区工业园区全蒲片区控制性详细规划》《铜梁区蒲吕镇总体规划（2007—2020）》等，规划者应对以上规划的相关内容进行落实；

（2）规划者应落实已发件项目，结合土地权属进行地块的细分，区分建成区和改造区，针对改造区的现状制定合理的控制指标；

（3）规划者应重点解决蒲吕镇镇区与铜梁区中心城区道路交通联系和商业区静态交通问题，完善支路系统、人行系统和道路交通设施；

（4）规划者应优化蒲吕镇镇区功能，合理配置土地资源，强化蒲吕镇现代生态工业园区功能地位以及规划区在镇域范围的政治、经济、文化中心地位；

（5）规划者应结合居委会辖区范围和现状资源分布，完善社区各项配套服务设施。

四、实习成果

（一）设计的用地环境现状和规模

学生在所完成的城市总体规划实习成果的基础上，要在蒲吕中心镇区选择控规用地（控规用地范围须包含总面积 1/3 左右的现状建成区），即在所给定 1∶500 地形图用地范围内自主选择 1 平方千米左右的用地开展控规设计，完成土地利用规划图，要求所选定 1 平方千米左右的用地范围内必须有 3 种以上（含 3 种）不同的用地性质（大类），在此基础上再选定土地利用规划图中 1~2 个完整地块完成分图图则的编制。

（二）实习成果

1. 文本成果

文本成果有《蒲吕镇镇区控制性详细规划说明书》《蒲吕镇镇区控制性详细规划文本》《蒲吕镇镇区控制性详细规划基础资料汇编》。

2. 图件成果

（1）区域位置图（比例不限）：标明规划用地在城市中的地理位置，与周边主要功能区的关系，以及规划用地周边重要的道路交通设施、线路及地区可达性情况。

（2）用地现状图（1∶1 000~1∶2 000）：分类画出各类用地范围（分至小类），标绘建筑物现状、人口分布现状、市政公用设施现状，必要时可分别绘制。

①土地利用现状包括标明规划区域内各类现状用地的范围界限、权属、性质等，用地分至小类。

②人口现状指标明规划区域内各行政辖区边界人口数量、密度、分布及构成情况等。

③建筑物现状包括标明规划区域内各类现状建筑的分布、性质、质量、高度等。

④公共服务设施、市政公用设施现状标明规划区内及对规划区域有重大影响

的周边地区现有公共服务设施（包括行政办公、商业金融、科学教育、体育卫生、文化娱乐等建筑）类型、位置、等级、规模等，道路交通网络、给水电力等市政工程设施、管线的分布情况等。

（3）用地适应性评价图（1∶1 000~1∶2 000）：通过地质、气候、水文、地基承载力、高程、坡度、坡向等多因子叠加，形成用地适宜性的评价成果，主要包括适宜建设区、限制建设区、禁止建设区三类，对建设用地选择提供指导。

（4）土地利用规划图（1∶1 000~1∶2 000）：在现状地形图上，标示出各类规划用地性质、布局、地块编号、配套公共设施、市政环卫设施、规划道路及交通设施、其他控制内容等，并以插图方式表达本规划区所在区域位置。

（5）道路交通规划图（1∶1 000~1∶2 000）：在现状地形图上，标明规划区内道路系统与区外道路系统的衔接关系，确定区内各级道路红线宽度、道路线型、走向；标明道路控制点坐标和标高、坡度、缘石半径、曲线半径，重要交叉口渠化设计；标明轨道交通、铁路走向和控制范围；标明道路交通设施（包括社会停车场、公共交通及轨道交通站场等）的位置、规模与用地范围。

（6）竖向规划图（1∶1 000~1∶2 000）：在现状地形图上标明规划区域内各级道路围合地块的排水方向，各级道路交叉点、转折点的标高、坡度、坡长，标明各地块规划控制标高。

（7）公共服务设施规划图（1∶1 000~1∶2 000）：标明公共服务设施位置、类别、等级、规模、分布、服务半径，以及相应建设要求。

（8）工程管线规划图（1∶1 000~1∶2 000）：

①给排水规划图：标明规划区供水来源，水厂、加压泵站等供水设施的容量、平面的位置及供水标高，供水管线走向和管径；标明规划区雨水泵站的规模和平面位置，雨水管渠的走向、管径及控制标高和出水口位置；标明污水处理厂、污水泵站的规模和平面位置，污水管线的走向、管径、控制标高和出水口位置。

②电力电信规划图：标明规划区电源来源，各级变电站、变电所、开闭所平面位置和容量规模，高压线走廊平面位置和控制宽度；标明规划区电信来源，电

信局、所的平面位置和容量，电信管道走向、管孔数，确定微波通道的走向、宽度和起始点限高要求。

③燃气规划图：标明规划区气源来源，储配气站的平面位置、容量规模，燃气管道等级、走向、管径。

（9）环卫、环保规划图（1：1 000~1：2 000）：标明各种卫生设施的位置、服务半径、用地、防护隔离设施等。

（10）城市设计导则图（1：1 000~1：2 000）：重点对城市中的重要景观地带和历史文化保护地带进行引导控制。

①确定规划区域的空间结构骨架、各地块的用地功能风貌、道路绿化系统。

②从城市设计的角度考虑不同空间序列的关系，形成城市设计总体概念与结构，以“城市设计概念图”加以表达。

③将空间形态、建筑风貌的要求以指标的形式确定下来，来指导修建性详细规划及建筑单体设计。

④地块划分编号图（1：5 000）：标明地块划分界线和地块编号，作为分地块图则索引（和文本中控制指标相对应）。

（11）分图图则（1：500~1：2 000）：规划者在现状地形图上编制规划分图图则时，应表达地块的区位，标定各地块的界线、地块编号、规划用地性质及主要控制指标、公共配套设施、绿化禁建区位置及范围、文物保护单位、历史街区的位置及保护范围、道路红线及建筑后退线，道路的交叉点控制坐标、标高、坡度、坡向、宽度及分幅、平曲线半径、路缘石半径、公交站场、停车港、停车场、禁止开口路段、人行过街地道和天桥等、大型市政通道的地下及地上空间的控制要求、其他对环境有特殊影响设施的卫生与安全防护距离和范围、主要的自然限制要素、用地性质兼容性说明、城市设计要点等。

五、思考与拓展

（1）控制性详细规划内容的重点在于对城市建设活动的控制与引导，追求

“可操作性”，往往只能满足开发建设的基本功能，而对城市美学和人的行为环境较少涉及。在蒲吕中心镇区控制性详细规划中如何体现城市特色，形成良好的城市景观成为我们需要思考的问题。

（2）在蒲吕中心镇区控制性详细规划设计中，如何体现弹性控制的思想？

（3）生态文明建设背景下，“看得见山、望得见水，记得住乡愁”是城乡规划的目标之一，如何通过控制性详细规划的土地使用、环境容量控制、建筑建造以及城市设计引导等手段实现蒲吕中心镇区的这一规划建设目标？

附录：《铜梁区蒲吕镇中心镇区控制性详细规划》调查问卷

尊敬的朋友：

您好！我们是人文地理与城乡规划专业的学生，为了解公众对中心镇区发展的建议与诉求，更加准确地把握城镇发展面临的问题和需求，以便在未来规划中最大限度优化镇区资源配置，特开展此次问卷调查。这次调查是无记名的，您的意见对蒲吕镇的未来发展非常重要，请您根据问卷上的要求，认真作答。谢谢您的配合与支持！

请您在符合自己情况、想法的选项前打钩。

一、个人基本情况

1. 您的性别：□男 □女

2. 您的年龄：□18岁以下 □18~30岁 □31~40岁 □41~50岁 □51~60岁 □61岁以上

3. 最高学历：□无 □小学 □初中 □高中 □大专 □本科及以上

4. 您的从业情况（可多选）：

□种田 □养殖/牧业 □务工 □开店做生意 □一般干部 □学生 □无业

二、关于居住

5. 您认为影响您居住环境质量的主要原因是：（可多选）

□绿地不够 □噪音 □卫生差 □不安全 □日照不够 □其他

6. 在蒲吕镇您希望居住的住房形式为：

□高层住宅 □多层住宅 □低层住宅 □别墅

7. 您在选择购买商品房时主要考虑以下哪些因素？（可多选）

□价格　□地段　□交通是否便利　□配套公共设施

□户型朝向　□房屋景观，附近有无公园绿地或临水　□其他

三、关于交通出行

8. 您对蒲吕镇公交情况（主要指线路、站点的安排、投放车辆）满意吗？

□非常满意　□满意　□一般　□不太满意　□非常不满意

9. 如果您对公交情况不满意，您认为主要原因是：

□线路不合理　□密度太低　□准点性差　□费用太高

10. 您认为蒲吕镇中心镇区的交通状况：

□很好　□较好　□一般　□较差　□很差

11. 如果您认为蒲吕镇中心镇区交通状况不好，那么主要原因是：（可多选）

□机动车太多　□道路太窄　□道路状况不佳　□市民交通意识差

□交通管理不够　□停车场缺乏　□机动车违规现象严重

□工业运输与城市生活交通混杂

四、关于公共服务

12. 您认为蒲吕镇中心镇区的商业设施：

□太多　□正好　□太少　□分布不均匀

13. 您认为现在蒲吕镇中心镇区最缺少哪些公共设施？（可多选）

□影剧院　□博物馆　□图书馆　□科技馆　□体育设施

□文化馆、青少年官　□老年活动中心　□儿童游乐园　□医疗设施

五、关于城市环境

14. 您对城市环境是否满意：

□满意　□一般　□不满意

15. 如果您对城市环境不满意，那么主要原因是：（可多选）

□城市缺乏特色　□人口密度太大　□建筑混杂　□治安管理差

□交通拥挤　□广场绿化少　□配套设施不全　□环境卫生差

□人文环境差 ____________

16. 您认为最能代表蒲吕镇中心镇区形象的景物是______________

17. 您认为最适合观看蒲吕镇中心镇区城镇风貌的观景点是______________

18. 您认为蒲吕镇中心镇区的公共活动场所（广场、绿地）：

□足够　□一般　□缺乏　□分布不均

六、关于城市发展

19. 您认为蒲吕镇中心镇区的社会风气和治安状况：

□很好　□较好　□一般　□较差　□很差

20. 您认为蒲吕镇中心镇区的城市特色是：

□山地城镇　□现代化工业城镇　□生态农业城镇

21. 您认为近期（5年内）蒲吕镇中心镇区建设发展的重点是：

□住宅　□道路、广场　□桥梁　□公共设施　□绿化景观

□市政设施（公交、给排水等）

22. 您希望远期蒲吕镇中心镇区的主要发展方向是：

□向北　□向东　□向南　□向西

23. 您认为蒲吕镇中心镇区城市建设的最主要问题是：

□没有问题　□基础设施水平不高　□绿地及环境水平档次低

□工业区环境不行　□城市建设品质需提升　□中心区太密集　□污染重

24. 您对蒲吕镇中心镇区未来的规划与发展有哪些建议？

____

____

____

____

再次感谢您的参与，祝您生活愉快！

××调查组

第七章　城市道路交通规划实习

第一节　实习目的、要求与内容

一、实习目的

城市道路交通规划是城市规划的核心组成部分，是决定城市发展骨架的重要专项规划。其实习目的是让学生从应用角度出发，巩固和加深对交通规划理论的理解，熟悉实际交通规划的步骤与方法，将理论课所学的关于城市道路交通规划的原理、方法、技巧、注意事项灵活应用到具体的规划设计中，达到学以致用的目的，提高学生的综合实践应用能力，为今后从事相关工作或进一步学习打下良好基础。

二、实习要求

1. 专业运用要求

学生通过道路交通规划实习，进一步掌握城市道路系统空间规划布局的要求及原则，城市道路横纵断面、平面交叉和城市道路排水的设计理论和方法；熟悉道路总宽度、交通量预测、交通组织管理、立体交叉和城市道路公用设施布置的要求与原则。同时，在实地调研中，学生要能够积极利用所学的道路交通规划原理思考实现中的问题。在此基础上，每人完成指定路段的道路技术设计，每人设计道路长度500米左右，里程桩号按20米控制，并按要求进行加桩。学生要完成该道路路段的平面、纵断面、横断面设计，达到初步设计要求；完成主要交叉口的方案设计（平交与立交选型、天桥与地道形式等）。

2. 实习成果要求

城市道路规划实习成果包含三部分：规划文本、规划图纸和附件。文本要求文字表达规范、准确。规划图纸要求比例尺适当，内容齐全，图像表达清晰。附件主要包括规划说明书和基础资料汇编。

3. 组织纪律要求

实习分组进行，组长负责组员的所有行动并与指导教师沟通。实习过程中同学之间要相互学习，积极探讨，相互关心和帮助，共同完成实习任务，同时要严格遵守时间和安全纪律。

三、实习内容

城市道路规划实习内容分为市域交通规划和市区交通规划两个部分。

1. 市域交通规划系统

学生从区域交通的统筹规划出发，重点构建市域交通运输体系。内容包括：市域交通现状特征及存在的问题；市域交通的发展战略；公路、铁路、港口发展规划；客货运枢纽规划；旅游交通系统规划。

2. 市区交通规划系统

学生要从市区交通日益增长的需求出发，重点打造支撑城市拓展的交通网络体系，提出支撑市区交通可持续发展的策略。内容包括：市区交通现状问题及成因；市区交通发展趋势及发展战略；市区内外交通衔接系统规划；市区道路网络规划（重点满足路网与交通设施规划的要求）；市区道路竖向设计（绘制道路红线、道路的交叉点控制坐标、标高、坡度、坡向、宽度及分幅、平曲线半径、路缘石半径、公交站场、停车港、禁止开口路段、人行过街地道和天桥等）；公共交通系统规划；客运枢纽发展规划；慢行交通系统规划；物流及货运系统规划。

第二节　实习原理与技术依据

一、实习原理

实习原理包括：交通流理论；OD 调查在城市道路交通规划中的应用；城市公共交通系统规划的原则及要求；城市客运枢纽规划原则及要求；城市慢行交通系统规划原则及要求；物流及货运系统规划原则及要求；道路竖向设计的原则及要求；城市道路横断面设计的原则及要求。城市道路交通规划还应遵循：目标导向原则；继承与提升原则；内外协调原则；应适应当地社会经济发展情况原则。

二、技术依据

（一）法律法规

（1）《中华人民共和国城乡规划法（2008 年）》；

（2）《城市规划编制办法（2006 年）》；

（3）规划区所在省市的相关法律法规。

（二）技术标准

（1）《城市道路设计规范（CJJ37-90）》；

（2）《城市道路交通规划设计规范（GB50220-95）》；

（3）《城市公共交通站、场、厂设计规范（CJJ15-87）》；

（4）《汽车客运站级别划分和建设要求（JT/T200-2004）》。

（三）相关标准

1. 道路交通设施规划相关技术规范

（1）停车场包括社会停车场、公交停车场。

社会停车场：露天 3 000 平方米/处，服务半径小于 150 米，一般设置在城市对外交通枢纽处或大型广场、公共建筑附近。地下停车场宜结合建筑方案，统一规划进出口。

公交停车场一般按每辆标准公交车用地 150 平方米计算，一般设置在人流集中处，常见于汽车站、火车站、港口附近。公交停车场的规模一般以停放 100 辆铰接式营运车辆（150 辆标准车）为宜。

（2）公交车站包括枢纽站、首末站、中间站、保养场

公交首末站一般为 1 000～1 400 平方米/处；公交中间站一般距离 500～800 米。

（3）加油站：城市公共加油站的进出口宜设在次干路上，并附设车辆等候加油的停车道，服务半径为 0.9～1.2 千米，一般为 1 500～3 000 平方米/处，城市公共加油站用地标准见表 7.1。

表 7.1　城市公共加油站用地标准

昼夜加油的车次数	用地面积（万平方米）
300	0.12
500	0.18
800	0.25
1 000	0.30

（4）公路客运站（汽车站）：一般中小城市有 2～3 个汽车站（含长途汽车站、城乡公交车站）。中小城市多布置在对外交通方便的城市边缘附近，但与城市中心及人口聚居地有较方便的联系。大城市一般分片区设置汽车站，一般用地 1～2 公顷（含站前广场）。

2. 公交线网规划相关技术规范

（1）密度

线路密度是指公交线路总长与服务面积之比。

线网密度是指公交线网总长与服务面积之比。

最佳线网密度是指公交乘客非车内时间最少时的密度。

在市中心区规划的公共交通线路网的密度应达到3~4千米/平方千米；

在城市边缘地区的公共交通线路网的密度应达到2~2.5千米/平方千米。

（2）线路长度

线路长度一般以10千米以内较合适（半小时），市区公共汽车与电车主要线路的长度宜为8~12千米，快速轨道交通的线路长度不宜大于40分钟的行程。

（3）城市公交站点布置

城市公交站点布置分为枢纽站、中间站和首末站。每个站点可以是一条线路专用或几条线路集中布置，以便旅客换乘。

几条线路首末站集中布置时则形成换乘枢纽。

对向车站（未设分车带道路）一般在前进方向错开30米布置。

港湾式停靠站的几何构造如图7.1所示，港湾式停靠站各部尺寸如表7.2所示。

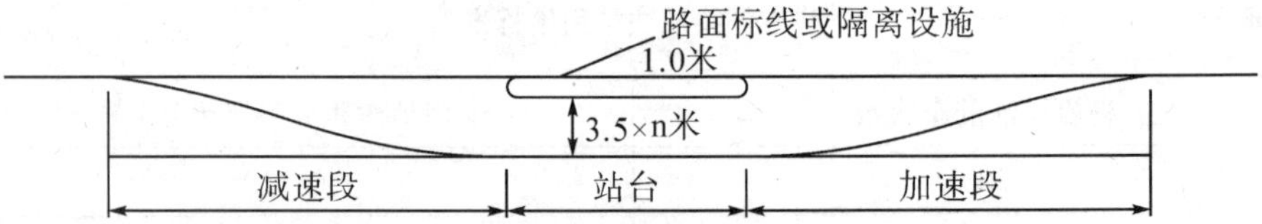

图7.1　港湾式停靠站几何构造

表7.2　**港湾式停靠站各部尺寸**

设计速度（千米/小时）	60	50	40	30	20
计算加减速段长度采用速度（千米/小时）	50	40	35	30	20
减速段长度（米）	50	40	30	20	10
站台最小长度（米）	20	20	20	20	20
加速段长度（米）	60	50	40	30	15
总长度（米）	130	110	90	70	45

3. 道路交通及竖向规划相关技术规范

（1）道路间距的标准为：主干路 800～1 200 米、次干路 300～500 米、支路 200～300 米，中小城市可适当降低。

（2）路网密度（千米/平方千米）见表 7.3。

表 7.3　　不同等级道路密度

城市规模（万人）		快速路（千米/平方千米）	主干路（千米/平方千米）	次干路（千米/平方千米）	支路（千米/平方千米）
大城市	200 以上	0.4～0.5	0.8～1.2	1.2～1.4	3～4
	≤200	0.3～0.4	0.8～1.2	1.2～1.4	3～4
中等城市		—	1.0～1.2	1.2～1.4	3～4

（3）不同等级道路宽度（米）见表 7.4。

表 7.4　　不同等级道路宽度

城市规模（万人）		快速路（米）	主干路（米）	次干路（米）	支路（米）
大城市	200 以上	40～45	45～55	40～50	15～30
	≤200	35～40	40～50	30～45	15～20
中等城市		—	35～45	30～40	15～20

（4）城市道路分类与分级

城市道路分类为：快速路、主干路（以交通功能为主）、次干路（以集散功能为主）、支路（以生活性功能为主）。

城市道路分级为：除快速路只有一级外，每类道路按照所占城市的规模、设计交通量、地形等分为Ⅰ、Ⅱ、Ⅲ级。大城市采用各类道路中的Ⅰ级标准；中等城市采用Ⅱ级标准；小城市采用Ⅲ级标准。大中城市一般在主次干道一级，小城市可以达到支路级别，见表 7.5。

表 7.5　　**城市道路分类与分级**

道路分级	城市快速路	城市主干路			城市次干路			城市支路		
		Ⅰ	Ⅱ	Ⅲ	Ⅰ	Ⅱ	Ⅲ	Ⅰ	Ⅱ	Ⅲ
设计速度（千米/小时）	80~60	60~50	50~40	40~30	50~40	40~30	30~20	40~30	30~20	20

（5）道路平面线形规划的标准见表 7.6。

表 7.6　　**道路圆曲线最小半径**

计算行车速度（千米/小时）	80	60	50	40	30	20
不设超高最小半径（米）	1 000	600	400	300	150	70
一般最小半径（米）（推荐半径）	400	300	200	145	90	40
设最大超高的极限最小半径（米）	250	150	100	70	40	20

（6）道路竖向规划。

标注内容为：道路宽度及标准横断面；道路坡度、坡向与排水方向；曲线半径；道路交叉口坐标、标高；道路交叉口拓宽。

关于标高：主要确定坡度、坡长、排水方向及主要控制点。

关于分隔带一般宽度为 1.5~2.0 米，长度为 50~100 米，于交叉口及人行横道处断开。

4. 交叉口方案设计相关技术规范

（1）类型选择

平面交叉口包括：简单交叉口、拓宽交叉口、环行交叉口（环道宽度为 14~16 米，半径为 20~30 米）。

立体交叉口包括：分离式交叉口、互通式交叉口。

（2）简单交叉口

当交通量不大，左、右转弯车辆不多时，简单交叉口的车道宽度与路段宽度相同。

(3) 拓宽交叉口（信号交叉口、渠化交叉口）

当交通量较大时，我们应对交叉口进行拓宽，一般拓宽进口道的左弯或右弯车道，并适当压缩车道宽度。

拓宽条件是：高峰小时一个周期进入交叉口的左转车辆大于 3 辆时，应增设左转专用道；高峰小时一个周期进入交叉口的右转车辆大于 4 辆时，应增设右转专用道，见图 7.2。

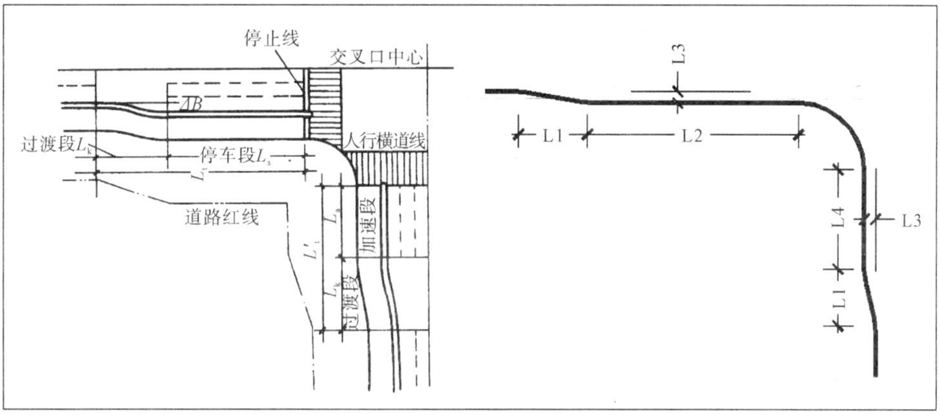

图 7.2 交叉口拓宽车道的宽度及长度

宽度较路段可适当压缩，一般每条车道的宽度为 3.00~3.50（用地紧张时可为 2.75~3.25）米。

入口段长度 L 为 50~70 米，需要保证等候排队的左转弯车辆的尾车不影响相邻直行、右弯车道。

出口段长度 L 为 20~40 米，需保证右转弯车辆由低速过渡到正常行驶速度。

主次以上干道交叉时，进口道 2 条拓宽为 3~4 条［1 左+1(2)直+1 右］，3 条时拓宽为 4 条（1 左+2 直+1 右）。

交叉口拓宽的尺寸控制为：L1——缓冲段 12~30 米、L2——进口段 50~70 米、L3——拓宽车道宽度 3.0~4.0 米/条、L4——出口段 30~50 米。

（4）环行交叉口环形交叉最小交织长度和中心岛最小半径（见表 7.7）

表 7.7　　环形交叉最小交织长度和中心岛最小半径

环道计算行车速度（千米/小时）	35	30	25	20
横向力系数（μ）	0.18	0.18	0.16	0.14
中心岛最小半径（米）	50	35	25	20
最小交织长度（米）	40~45	35~40	30	25

注：①中心岛最小半径按路面横坡 i=0.015 计算；

②路面横坡度、横向力系数值与表列数值不一致时，另行计算。

（5）平面交叉口方案设计

规划者可根据高峰小时交通流量大小，初步拟定信号周期（60~120 秒）及信号相位，考虑道路通行能力等确定交叉口形式；确定各组成部分几何尺寸（宽度、坡度、半径等）；对交叉口流量进行流线分析（信号灯或环交）。

高峰小时流量=昼夜单向流量×车种换算系数×高峰小时流量比

交叉口缘石转弯半径与车辆种类及道路性质有关。按车辆分：小汽车 5~8 米、载重汽车 8~12 米、大型公共汽车 10~15 米。按道路性质分：主干道 20~25 米、次干道 15~20 米、支路 6~10 米。规划者在平面交叉口设计中，如地形条件许可，尽可能采用较大的路沿石转弯半径，以满足最不利时（即最长的车辆、最大的速度）车辆的转弯，但一般通过交叉口渠化，减少车辆排队时间和行人过街时间。

（6）立体交叉口方案设计

规划者可根据交通流量及特征、地形条件等选定立交形式，包括分离式、部分互通式、完全互通式，具体形式有梨形、喇叭形、环形（2 层、3 层、4 层）、苜蓿叶式、定向式、组合式等；初步确定各组成部分尺寸，平面尺寸包括宽度、半径、长度等，竖向尺寸包括高差、坡度等。

(7) 交叉路口机动车交通量流向比（见表7.8）

表7.8　　交叉路口机动车交通量流向比

流向	左转弯	直行	右转弯
比例（%）	15	65	20

第三节　实习过程与方法

一、实习过程

（一）前期准备阶段

1. 组建实习小组

以班级为单位，采取自由组合原则，10人为一个小组并选定组长；组长负责小组日常工作管理、进度把握、人员协调，并负责与指导教师的沟通与衔接。

2. 初步了解规划区基本情况

学生可借助网络、图书馆，收集规划区相关基础资料，主要包括区位情况、自然地理、交通现状特征及存在的问题等；也可通过Google地图等工具了解规划区道路网的空间格局。

3. 列出资料调查表，制定调查问卷和访谈提纲等

资料调查表主要包括：规划区的基础资料，即规划区自然、社会与经济资料；规划区对外交通情况，现状公共交通、客货运交通、慢行交通、静态交通情况；规划区近期重大交通设施建设情况；规划区上位规划资料；规划区相关地形图、图像及统计数据资料。

学生制定访谈提纲的目的是通过相关政府管理部门了解规划区交通建设的现状、问题及发展设想等。

调查问卷主要针对规划区居民而设置，内容包括居民对规划区道路交通方面的建议与诉求（问卷见附录）。

（二）现场勘察与资料收集阶段

（1）学生要实地考察规划区的自然条件，现状对外交通、公共交通、客货运交通、慢行交通、静态交通情况，绘制相关现状图；发放调查问卷。

（2）学生要通过交通管理部门，了解当地交通发展情况，近期重大交通设施建设情况等；根据基础资料调查清单走访相关部门，收集相关资料。

（3）学生要实地考察规划区的周边环境，尽可能俯视规划区全貌。

（三）资料分析阶段

在此阶段，学生要对现场勘察与收集的资料进行整理与分析，重点对综合现状和规划区对外和内部道路交通情况进行系统分析，找出现状道路存在的主要问题，并进行专题研究，确定规划目标和原则；重点分析上位规划的相关资料，以确定本次规划的对外交通和内部交通基本要求；重点分析现状路网对规划年份预测流量的供求矛盾所在，为现状路网的改进提供依据。

（四）方案设计阶段

1. 方案比较

在方案编制初期，团队成员综合交通、社会、经济、地形地貌、城市风貌等各方面的因素，根据感性知识和经验，提出至少两个以上方案进行比较和技术经济论证。

2. 方案交流

方案提出后，团队成员与指导教师进行交流，向其汇报规划构思，就一些规划原则问题做深入沟通。

3. 方案修改

团队成员根据双方达成的意见对方案进行修改。

4. 意见反馈

团队成员将修改后的方案提交给指导教师并再次听取意见，对方案进行修改，直至双方达成共识，转入成果编制阶段。

5. 成果编制

成果编制包括：规划背景；规划依据；规划原则；城市交通系统规划，包括现状分析、发展战略规划、对外交通规划、道路网规划、公共交通系统规划、客运枢纽规划、慢行交通系统规划、物流与货运系统规划、停车系统规划等。

6. 主要成果

文本成果有：《道路交通规划说明书》《道路交通规划文本》《道路交通专题研究》。

图件成果有：区位图；道路系统现状图；道路交通系统规划图；道路竖向规划图；道路平面设计图；道路纵断面设计图；标准横断面及路段横断面设计图；主要交叉口布置方案图。

（五）成果汇报阶段

以小组为单位，通过 PPT 和图纸展示方式，汇报规划成果。

二、方法与技术手段

1. 确定道路网体系的方法和步骤

首先，规划者要确定道路等级结构，根据规范建议指标，计算各级道路长度，结合用地规划，对各级道路进行空间布局。

其次，规划者要确定道路网主线，通过 OD 流量分析找到轴线，确定交通走廊，逐级细化。

最后，规划者要根据密度和间距要求，确定道路网；根据密度要求，折算网格间距；根据功能和间距要求，以通行机动车为主的快速道、主干道组成的干路系统形成道路网骨架；在此基础上规划次干路和支路。

2. 远景交通量预测的方法

(1) 增长率法

$$\left.\begin{array}{l} Q'_{Pi}=Q_{Pi}(1+\gamma_i)^n \\ Q'_{Aj}=Q_{Aj}(1+\gamma_j)^n \end{array}\right\} \tag{7.1}$$

式中：Q 为交通量，γ_i 为增长率，n 为增长年数，Pi 和 Aj 为基准年。

(2) 强度指标法

强度指标法也叫原单位系数法，就是采用社会经济指标体系中的易测指标，分析基年每单位指标产生的交通量，然后乘以该指标的未来预测值，从而得到将来发生交通量的一种方法。

常用的强度指标有：每人产生的交通量；每辆汽车产生的交通量；各种用地单位面积产生的交通量；其他社会经济指标产生的交通量。其公式为：

$$Q'_{Pi}=\frac{Q_{Pi}}{E_i}\cdot E'_i \tag{7.2}$$

式中：E_i、E'_i 分别为现在和将来的社会经济指标。

(3) 相关分析法

所谓相关分析法，就是对发生交通量与人口、经济、土地利用等进行相关分析，建立发生（吸引）交通量模型，利用模型求得将来发生或吸引交通量的一种方法。

一种常用的相关模型是一元或多元性回归模型：

$$Y=\alpha+\beta_1X_1+\beta_2X_2+\cdots\cdots+\beta_nX_n \tag{7.3}$$

式中：Y 为因变量（发生交通量或吸引交通量）；X_1，X_2，…，X_n 为自变量（人口、经济、汽车保有量等）；α 为回归常数项；β_1，β_2，…，β_n 为回归系数。

第四节　案例与拓展

一、区域概况（参见第五章）

二、重要背景

1. 铜梁撤县设区背景

2014年经国务院批复同意，重庆市撤销铜梁县，设立铜梁区。新区成立后，市委市政府大力支持铜梁社会经济发展，将铜梁规划建设成为52平方千米、48万人口的城市新区，打造成为新兴工业城市、文化旅游胜地、生态宜居城市。铜梁区行政区划调整对蒲吕镇建设提出了新要求；同时，蒲吕镇区域交通和城镇自身交通需求正处于快速发展变化中，这对现有的交通基础设施提出了新的挑战和要求。

2. 蒲吕镇地位变化背景

蒲吕镇紧邻重庆大学城、西永微电子产业园“西部硅谷”，距主城仅半小时车程。蒲吕镇经渝遂高速公路，距西部最大的火车集装箱编组站（土主）约25千米，距两路寸滩码头60千米，距重庆江北国际机场65千米。渝遂高速、成渝复线、重庆三环“两纵一环”高速公路和规划的都市快轨和合川—铜梁—永川连线铁路横贯全境。蒲吕镇作为铜梁区重要的工业重镇，随着工业园区的进一步壮大，对外交通衔接需进一步优化；同时，新一轮的铜梁区城市总体规划中，蒲吕镇区已作为铜梁城区的一个重要组团纳入规划，因此，也面临镇区与城区之间交通体系的构建。

三、关键问题

（1）重点解决蒲吕镇镇区与铜梁区中心城区道路交通联系和商业区静态交通

问题，构建并完善城市道路交通主、次、支道路体系。

（2）组织好新旧区之间的交通联系，形成完整统一、便捷通畅的道路交通系统。

（3）在一定范围内实行人车分流，建立城镇慢行体系。

（4）完善各项道路交通设施配置。

四、实习成果

1. 文本成果

文本成果有：《蒲吕镇镇区道路交通规划说明书》《蒲吕镇镇区道路交通规划文本》《蒲吕镇镇区道路交通规划专题研究》。

2. 图纸成果

图纸成果有：蒲吕镇区位图；蒲吕镇道路交通现状图；蒲吕镇土地利用规划图；蒲吕镇道路交通系统规划图；蒲吕镇道路竖向规划图（1∶1 000~1∶2 000）；蒲吕镇道路平面设计图（1∶1 000）；蒲吕镇道路纵断面设计图；蒲吕镇标准横断面及路段横断面设计图（1∶100~1∶200）；蒲吕镇主要交叉口布置方案；蒲吕镇工程量计算及设计说明书（可附在图上）。

五、思考与拓展

（1）在规划区内，如何形成“职住平衡”的交通体系？

（2）随着生态环境日益遭受破坏，交通拥堵问题日益严重，提倡绿色出行不只是日常生活的一句口号，需要绿色交通规划来支撑，那么，在规划区内，如何构建绿色交通规划体系？

附录：《铜梁区蒲吕镇中心镇区道路交通规划》调查问卷

尊敬的朋友：

您好！我们是人文地理与城乡规划专业的学生，为了解公众对蒲吕镇中心镇区道路交通发展的看法，准确地把握城镇道路交通面临的问题和需求，以便做好《铜梁区蒲吕镇中心镇区道路交通规划》的编制工作，特进行此次问卷调查。这次调查是无记名的，您的意见对蒲吕镇的未来发展非常重要，请您根据问卷上的要求，认真作答。谢谢您的支持与配合！

请您在符合自己情况、想法的选项前打钩。

1. 您的性别：□男　　□女

2. 您的年龄：□18 岁以下　□18~30 岁　□31~40 岁　□41~50 岁　□51~60 岁　□61 岁以上

3. 最高学历：□无　□小学　□初中　□高中　□大专　□本科及以上

4. 您的从业情况：(可多选)

□种田　□养殖/牧业　□务工　□开店做生意　□一般干部　□学生　□无业

5. 您认为目前中心镇区的交通秩序如何？

□基本有序　□ 一般　□ 较乱　□ 不知道

6. 您在镇区内的交通出行主要采用哪种方式？

□公交车　□私家车　□出租车　□自行车　□摩托车　□走路　□其他

7. 您从镇区出行至镇区外一般使用以下哪种交通工具？

□长途汽车　□私家车　□出租车　□自行车　□摩托车　□其他

8. 您的月均交通费为多少?

□少于50元 □51~100元 □101~300元 □300元以上

9. 您在镇区内是否遭遇过堵车?

□每天都有 □经常 □偶尔

10. 您觉得堵车一般都在什么时候?

□一直很堵 □只在上下班的时候 □偶尔

11. 您觉得造成镇区交通堵塞的原因是?(可多选)

□汽车数量过多 □交通管理体制不健全 □道路交通规划不科学

□常维修改造 □司机、行人的交通意识淡薄 □日常活动占用道路

□其他

12. 您认为镇区道路交通方面存在的问题是?(可多选)

□路口道路太窄 □信号灯时间设置不合理

□公民不遵守交通规则 □停车位不足

13. 您认为交通问题对蒲吕镇区有何影响?(可多选)

□释放大量废气，导致城镇空气质量下降 □影响城镇形象

□塞车严重，影响生活效率 □事故时有发生，构成巨大安全隐患

14. 您认为镇区应大力推广哪一种交通方式?

□步行 □自行车 □公共汽车 □自驾车

□其他

15. 您上班（学）主要采用的出行方式有:

□公交车 □公司（学校）班车 □出租车 □私家车 □摩托车

□自行车

16. 您认为目前公共交通存在的主要问题是:(可多选)

□不准时 □公交车站太远 □换乘不方便 □拥挤 □车速慢

□道路拥挤

17. 您认为政府交通管理方面有没有做好自己的角色?

□有　　　□没有　　　□不了解

18. 您认为镇区哪些路段交通问题较严重？

____

____

____

19. 您对镇区交通规划的意见和建议？

____

____

____

____

____

再次感谢您的参与，祝您生活愉快！

××调查组

第八章　古镇保护规划实习

第一节　实习目的、要求与内容

一、实习目的

历史文化遗产的保护规划是城乡规划的主要内容之一。历史文化名城、历史文化街区、历史古镇与古村落的保护规划，共同构成了我国历史文化遗产的保护规划体系。我国古镇较多，稳定的山水格局和千百年来不断积淀和发展的传统文化风俗延续至今，仍然表现出顽强的生命力，为规划教学提供了丰富的实践基地。学生通过古镇保护规划实习，熟悉并掌握古镇保护规划的主要内容、方法和步骤，综合运用所学的规划理论知识、人文社科知识以及3S技术与方法，从而延续和深化课堂理论教学，提高专业素养，增强实践操作能力，对我国历史文化名城保护规划也会有更清晰和准确的认识。与此同时，学生通过实习过程中的观察与思考、团队管理与协作、自我表达与自我约束等能力的全方位锻炼，能提高综合素质。

二、实习要求

1. 专业运用要求

学生通过实习，深入理解历史文化名城、名镇及名村保护规划的意义；掌握保护规划的要求、原则与方法；深刻认识古镇保护规划是以《历史文化名城保护规划编制要求》和《历史文化名城保护规划规范》为依据，以城乡规划学为规划方法，以古镇保护为分析手段，运用修护、生态和建造等工程手段，对古镇的空间布局、街巷建筑、非物质文化遗产等进行筹划和安排，最终使古镇特有的历史价值、科学价值、艺术价值和文化内涵都得到有效保护，古镇格局及传统风貌得到保持与延续，实现人居环境的可持续发展。

2. 实习成果要求

古镇保护规划实习成果包含三部分：规划文本、规划图纸和附件。文本要求文字表达规范、准确。规划图纸要求比例尺适当，内容齐全，图像表达清晰。附件主要包括规划说明书和基础资料汇编。

3. 组织纪律要求

实习分组进行，组长负责组员的所有行动并与指导教师沟通。实习过程中同学之间要相互学习，积极探讨，相互关心和帮助，共同完成实习任务，同时要严格遵守时间和安全纪律。

三、实习内容

1. 保护界限的划定

学生通过实地调研，根据古镇文物古迹或历史建筑的现状用地边界，街道、广场、河流等视线所及范围内的建筑物用地边界或外观界面，构成古镇历史风貌的自然边界等界线，确定古镇保护规划界限。

2. 保护层次与保护措施

学生通过实地调研，综合考虑古镇的格局、历史文物古迹的分布、传统街巷的肌理等因素，划分出保护的等级，即核心保护区、建设控制区、环境协调区三个等级，并提出保护和整治的措施要求。

3. 古镇空间格局、传统街巷的保护与整治

学生要充分考虑古镇现有的山水风貌遗存，采取保护与整治相结合的办法，依托古镇所具有的自然环境（如山、水、湖、坝、坡等）优势，通过梳理道路交通、居住、公共开敞空间、绿化等各种用地类型，延续古镇空间格局，保护传统风貌。

4. 建（构）筑物和景观的保护与整治

学生根据实地调研，对古镇内的建筑物进行有差别性地保护和整治；具有历史文化价值的建（构）筑物进行修缮、维修改善，对那些与历史风貌有冲突的建（构）筑物进行整修改造或拆除；建设控制地带内的新建建（构）筑物的高度、体量、色彩和形式，应根据维护古镇风貌的原则进行严格的控制。

5. 建筑高度控制和视廊的保护

学生对古镇视线通廊范围内的建筑高度进行调研，结合现状地形地貌、用地边界、古镇道路等，确定古镇视廊保护范围和建筑物高度，制定出高度控制规划图。

6. 古镇相关环境要素的保护

古镇相关环境要素的保护包括与古镇保护紧密相连的外部自然环境要素、人文社会环境要素、经济发展要素等的保护。

7. 非物质文化遗产的保护

学生应详细调研古镇具有地域特色的民风、民俗、传统技艺等，提出保护的措施和方法。

第二节　实习原理与技术依据

一、实习原理

（1）古镇文物古迹保护的原真性原则及要求，保护的最小干预原则及要求；

（2）古镇建筑、环境、空间格局保护的整体性原则及要求，古镇新老建筑（构）物风貌协调一致的原则及要求；

（3）古镇保护措施的渐进性与灵活性原则，保护与发展相结合的原则与要求；

（4）古镇物质文化遗产保护与非物质文化遗产保护并重的原则与要求。

二、技术依据

（1）《中华人民共和国城乡规划法（2008 年）》；

（2）《中华人民共和国文物保护法（2007 年）》；

（3）《历史文化名城名镇名村保护条例（2008 年）》；

（4）《历史文化名城保护规划编制要求（1994 年）》；

（5）《历史文化名城保护规划规范（2005 年）》；

（6）规划区所在省市的相关法规；

（7）规划区所在省市的相关规划。

第三节　实习过程与方法

一、实习过程

（一）室内准备阶段

1. 组建团队

以班级为单位，采取自由组合原则，10 人为一个小组并选定组长；组长负责小组日常工作管理、进度把握、人员协调，并负责与指导教师的沟通与衔接。

2. 文献资料的检索和整理

文献资料检索主要分为两步，首先是公共信息的检索，学生主要借助于网络、书店等，获取更多的资料和数据，主要包括古镇的地理位置、自然条件、环境基础、社会经济发展、历史沿革、目前古镇保护与建设概况等。其次是专业信息检索，需要借助于专门的信息索引平台，一般以图书馆为主。通过图书馆的电子资源和专业数据库，以及文本资料库，学生可以获取大量的数据和文献，主要包括国内外古镇保护与规划的前沿进展、案例分析等。最后，学生对获取的文献资料进行整理与分析，并对相关数据进行核实，提取与规划紧密相关的核心背景文献，为下一步工作做好准备。

3. 列出资料收集清单，设计针对古镇居民、游客、管理者三方的访谈提纲和问卷

实地资料收集清单包括：古镇历史演变、建制沿革、位置兴废变迁；古镇现存地下地上文物古迹、历史街区、风景名胜、古树名木、革命纪念地、近代代表性建筑，以及有历史价值的水系、地貌遗迹等；古镇特有的传统文化、手工艺、传统产业及民俗精华等；古镇现存历史文化遗产极其环境遭受破坏威胁的状况；规划区地形地貌图、等高线地形图（1∶2 000），可为后期的制图做铺垫；古镇所

在地的村镇体系规划、上一轮古镇保护规划、土地利用总体规划、古镇产业发展规划等，以及相关图件和影像资料。

学生制定访谈提纲的目的是针对古镇管理部门人员进行访谈，了解古镇规划保护中存在的问题、建议与设想。

调查问卷主要针对古镇原住民和游客而设置，目的在于了解古镇规划保护存在的问题、建议与诉求（问卷见附录）。

（二）实地调研阶段

1. 基础资料收集

学生从相关政府管理部门收集资料，即从古镇政府的规划、建设部门，以及上一级的文物局、规划局及发展改革委等部门，收集相关基础资料、上位规划资料等。

2. 问卷调查

学生主要对古镇居民、游客以及管理者三方进行问卷调查。

3. 现场勘查

学生要现场勘察古镇周边自然环境、古镇空间格局、风貌特征、主要传统街巷布局、历史文物分布等，并在地形图上标注清楚；现场勘查古镇文物古迹或历史建筑的现状用地边界，街道、广场、河流等视线所及范围内的建筑物用地边界或外观界面，构成古镇历史风貌的自然边界等界线；同时对古镇的民风民俗、传统技艺进行调研并整理。

（三）资料分析阶段

1. 资料处理

在该阶段，学生对所收集的文字、图形、图像等资料进行处理，对访谈及问卷的结果分组进行统计整理。

2. 专题研究

在该阶段，学生对规划中面临的重要问题进行专题研究，为规划方案的制订提供依据。这主要涉及“古镇风貌保护专题研究”“古镇重点区域保护对策研究”

及“古镇原住民人居环境改善研究”等。

(四)方案编制阶段

1. 初拟方案

以小组为单位，讨论制订古镇保护规划的初步方案。

2. 方案交流

实习小组向指导教师进行交流，汇报规划构思，听取指导老师的意见，并就一些规划原则问题做深入沟通。

3. 方案修改

实习小组根据指导教师的意见进行方案修改。

4. 意见反馈

实习小组将修改后的方案提交给指导老师并再次听取意见，对方案进行修改、完善后，转入成果编制阶段。

5. 主要成果

文本成果有：《古镇保护规划说明书》《古镇保护规划文本》《专题研究》《古镇保护规划资料汇编》。

图件成果有：区位图；古镇现状图；古镇保护界限与范围；古镇重点文物保护单位分布图；古镇传统街区空间分布图；古镇传统风貌格局图；古镇保护规划图；重点街区规划图；古镇空间景观规划图；建筑高度控制图；重点保护、整治地区的详细规划意向方案图；主要节点规划图等。

二、方法与技术

1. 保护等级和界限的划定方法

(1) 保护等级的划定方法

目前古镇保护规划的实践中一般将古镇分为核心保护区、建设控制区、协调发展区三个等级。规模较小的古镇划分为核心保护区、建设控制区两个等级。规模较大、历史文物古迹较多的古镇，可以划分为四个等级：绝对保护区、核心保护区、建设控制区和协调发展区。绝对保护区位于已批准和待批准的各文物保护单位本身和其组成部分的四边界限内。核心保护区是为保护文物的完整和安全所必须控制的周围地段，及古镇内有代表性的传统民居区、风貌带、景点和景区等。建设控制区在核心保护区外围，为延续古镇风貌完整对其建设行为进行严格控制的范围。协调发展区为古镇保护的最外围部分，是古镇保护地域与周边地方逐步过渡的区域。

（2）保护界限的划定方法

划定古镇保护界限的主要目的就是控制与保护古镇周边的景观环境的完整性与和谐性。古镇保护界限的划定可以参照历史文化名城保护界限划定方法。保护界限包括绝对保护区、核心保护区、建设控制区和环境协调区的边界界限。

文物保护单位、历史文化街区保护范围关系如图 8.1 所示。

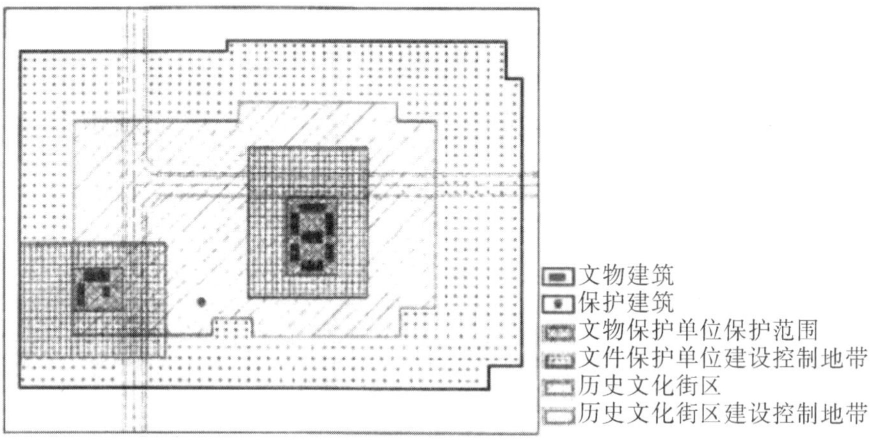

图 8.1　文物保护单位、历史文化街区保护范围关系图

不同保护地带划定界限的要求和方法有一定差别。绝对保护区界限划定应严格按照保护文物单位本身，及其组成部分的四边界限进行；核心保护区界限划定必须满足空间结构完整、传统风貌完好、视觉景观连续的要求，沿着古镇内分布较为集中的文物古迹、历史建筑和传统街区的外围边界限划定；建设控制区界限划定则遵照延续风貌、渐进过渡的原则，尽量体现古镇的空间环境特色，在核心保护区之外一定的距离，结合当地街道、河流、城墙、山地等明显的地理界限进行划定；协调发展区的界限划定应考虑古镇景观的整体和谐、浑然一体，结合古镇重要的视觉眺望点（如古城墙、古塔、山峰等），向周边眺望时能保持景观的完整性与和谐性，同时保持当地的地形地貌、植被分布等自然环境的完整性、行政区划的完整性来划定。

2. 建筑高度和景观视廊的控制方法

规划者应根据各类保护范围和保护对象的要求，对保护范围内的建筑高度进行控制。规划者应通过对眺望景观、标志景观、自然环境及其相互间的视线分析，并结合现状地形地貌、用地边界、道路等，划定出古镇高度控制规划图。古镇建筑高度分区与控制可以参考《历史文化名城保护规范》中的相关要求。

古镇高度分区与控制示意图见图 8.2。

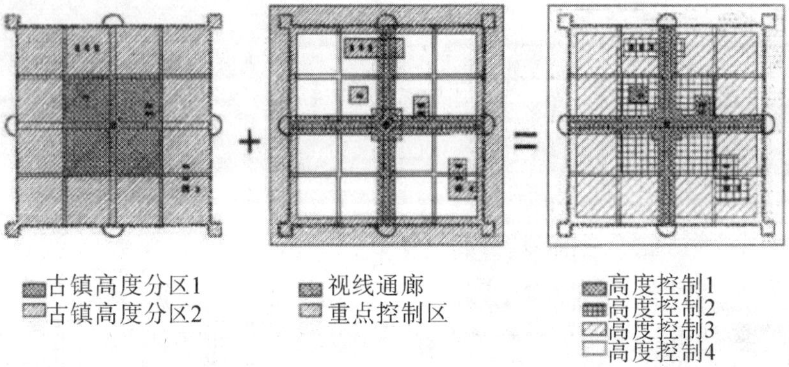

图 8.2　古城高度分区与控制示意图

我国古镇的建筑高度一般为一到两层，要保护好宜人视觉尺度和空间轮廓线，规划者必须对古镇内建筑制定高度控制要求。

（1）建筑高度控制方法

由于我国古镇内保存下来的古建筑主要为明清以后所建，且大多为民居建筑、园林和寺庙，建筑层数多为一、二层，在核心保护区和风貌控制区内的新建筑高度一般是控制在二层以下，协调发展区的新建筑高度宜在四层以下，具体建筑高度视当地情况而定。一般来说，在平原水乡地区，建筑高度应形成以核心保护区为中心，由低到高、由内向外逐渐升高，分层次控制的布局形态；在山地丘陵地区，则应根据地形变化起伏，进行分片控制。

（2）景观视廊控制方法

景观视廊控制方法主要有两种。第一种以古镇内高耸建筑物为标准，建立古镇的视廊控制范围。根据视知觉理论的研究，人们一般在距离为建筑物高度的2~3倍（D=2~3h）、视角为27°（Q=27°）时观赏为最佳。因此，规划者可以根据此原理划出古镇视廊保护范围。在D=h（以建筑物为圆心，高为半径画圆）范围内，为一级保护区，在D=3h范围内为二级保护区（建设控制区），规划者要严格控制区域内建筑高度，不能阻挡视线通廊。第二种方法是在古镇内选择有一定高度的视觉眺望点，如山峰、古塔、城墙、骑楼等，控制各视觉眺望点周围及相互之间的建筑高度。这需要保证在一定区域内的视线可达性和各眺望点之间的通视性，形成较好的名镇历史风貌观赏线路。同时，古镇周边新建建筑高度应在古镇视廓线以外。除了景观视廓控制，规划者还要加强对周围建筑在高度、体量、色彩和形式上对视觉的影响的控制，应根据维护古镇历史风貌的原则进行严格控制。

古镇周边新建建筑物高度控制示意图见图8.3，保护建（构）筑物见表8.1。

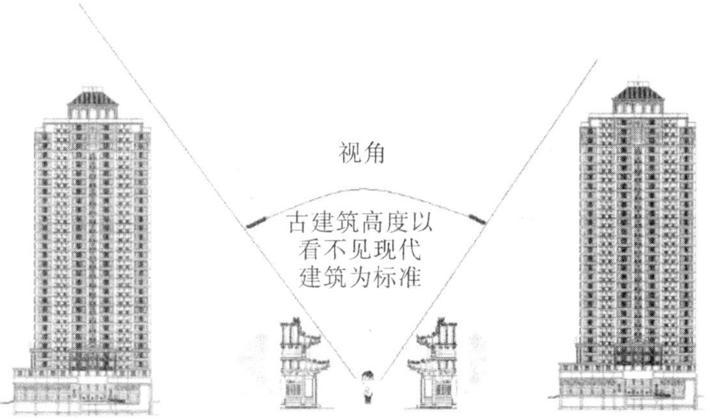

图8.3　古镇周边新建建筑物高度控制示意图

表 8.1　　　　　　　　　　**保护建（构）筑物一览表**

类别	序号	名称或地址	建造时代	结构材料	建筑层数	使用功能	建筑面积（平方米）	用地面积（平方米）	备注
文物保护单位	▲	▲	▲	▲	▲	▲	▲	▲	△
保护建筑	▲	▲	▲	▲	▲	▲	▲	▲	△
历史建筑	▲	▲	△	▲	▲	▲	△	△	△

注：1. ▲为必填项目，△为选填项目；

2. 备注中可说明该类别的历史概况和现存状况。

规划者应对古镇需要保护的建（构）筑物根据各自的保护价值进行分类，并逐项进行调查统计。统计调查方法可参考《历史文化名城保护规划规范》中的相关内容。

历史文化街区建（构）筑物保护与整治方式见表 8.2。

表 8.2　　　　　　**历史文化街区建（构）筑物保护与整治方式**

分类	文物保护单位	保护建筑	历史建筑	一般建（构）筑物	
				与历史风貌无冲突的建（构）筑物	与历史风貌有冲突的建（构）筑物
保护与整治方式	修缮	修缮	维修改善	保留	整修改造拆除

注：表中“与历史风貌无冲突的建（构）筑物”和“与历史风貌有冲突的建（构）筑物”是指文物保护单位、保护建筑和历史建筑以外的所有新旧建筑。

修缮是针对文物保护单位建筑和保护建筑，通常为保持原样，以求如实反映历史遗存，对个别构件加以更换和修缮，修旧如故，以存其真。

改善针对一般历史建筑，通常为原有建筑结构不动，局部修缮改造，在保护其建筑的格局和风貌、治理外部环境、修旧如故的同时，重点对建筑内部加以调整改造，配备市政设施，改善居民生活质量。

保留是指针对镇区内自发更新的与传统风貌无严重冲突的一般建筑，予以保留。

整修是指针对与传统风貌有一定冲突的一般建筑，建筑质量尚好，但因历史原因又难以马上拆除的建筑，可对其暂时保留，对外观加以整修改造。整修包括整治周边环境卫生，保护水体不受污染等。

第四节 案例与拓展

一、区域概况

重庆市铜梁区安居镇镇域面积为 57.4 平方千米，下辖 13 个村民委员会和 4 个社区居委会，2014 年总人口为 3.8 万人，城镇常住人口为 1.2 万人，镇区规划面积为 3 平方千米，建成面积为 1.5 平方千米。

1. 地理位置

安居古镇位于重庆市铜梁城区北部约 17 千米处，距重庆主城区约 60 千米，坐落在化龙山、波仑山、飞凤山和清凉山之间，位于涪江和琼江的交汇处。古镇处于合川、潼南、铜梁三地交界处，距渝遂高速公路入口约 2 千米，国道 319 横穿境内，水上交通极其方便。古镇传统民居以吊脚楼为主，依水岸布局，高低错落有致，具有极其优美的山水聚居环境。古镇周边阡陌纵横，山水静怡秀美。因此，古人称安居古镇“安居依山为城，负龙门，控铁马，仰接遂普，俯瞰巴渝，涪江历千里而入境，与篼溪、琼江、乌木溪水会于城下，绕城三匝陷为深潭”。由于特殊的地理位置，安居古镇历来帆樯蚁聚，商贾云集，贸易繁荣，且是兵家取道涪江的要塞和屯兵扎寨的住所，军事战略位置特别重要。

安居古镇区位图见图 8.4。

图 8.4　安居古镇区位图

2. 历史变迁

据《方舆纪览》载，安居古镇“东起飞凤山，南绕烟坡包、化龙山，西跨小溪，接冠子山，北面涪江，山势高峻，壁立江岸”。安居古镇因境内有大安溪（琼江）而得名“安居”。

安居古镇历史源远流长，早在两万多年前就有人类文明产生，拥有悠久的历史和深厚的文化底蕴。4 000 多年前安居古镇所在地人口开始集中居住，建场至今已有 1 500 多年的历史。春秋战国时古镇所在地先为巴国垫江（今合川）属地，张仪灭巴后属秦。隋朝时此地已经是涪江下游的重要场镇，商贾云集，香火旺盛，于隋大业十三年（617 年）修建了波仑寺。北宋时期铜梁县治在东流溪坝，安居为铜梁县辖 12 镇之一。明成化十七年（1481 年）划铜梁、遂宁两县的一部分设置安居县，辖 11 个乡镇，安居作为县城所在地，独立发展长达 247 年。后安居古镇归铜梁县管辖。2002 年，安居古镇被评为重庆市第一批市级历史文化名镇，2008 年被评为中国历史文化名镇。如今，安居镇是全国发展改革试点城镇、重庆市级中心镇、重庆市北部重要的口岸城镇。

清代安居古镇主要建筑物分布如图 8. 5 所示。

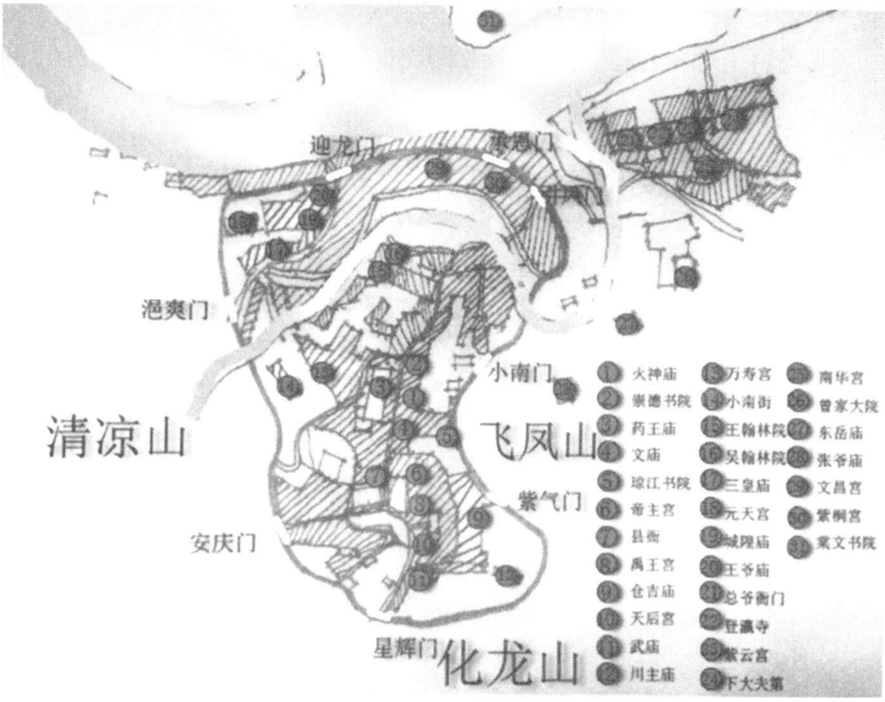

图 8. 5　清代安居古镇主要建筑物分布示意图

3. 空间格局

安居古镇三面环水，呈半岛之势。乌木溪从古镇横穿而过，将古镇南北一分为二。古镇依托多处老桥连接，由此水与城、城与水就像一个整体，紧紧地融合在一起。

现今，以城墙为界古镇传统老街可分为三段，至今保存较为完整的还有 1 000 余米。其中从会龙街开始，经火神庙街道到大南街，全长约 600 米；从引凤门开始，经十字街到西街，以前也叫龙脊街，全长约 400 米；还有一段老街为半边街，从迎龙门过街楼而下，沿大安溪河边临江而建。古镇城墙城门耸立，老街起伏蜿蜒，两边民居依山而建，层次分明，轮廓清晰，巴渝古镇特有的刚毅与水乡的柔美相形益彰，造就了一幅天然的水墨画。

安居古镇建筑可分为六个组成部分，其分别为西街民居带、万寿宫片区民居群、会龙街—火神庙街—大南街民居带、小南街片区民居群、东岳庙片区民居群和南华宫片区民居群。公共建筑包括会馆建筑、寺庙建筑、宗祠建筑等类型，分布在民居建筑群落之中，其中公共建筑多分布于西街民居带、南华宫片区民居群和东岳庙片区民居群。安居古镇民居群分布如图 8.6 所示。

图 8.6　安居古镇民居群分布图

4. 地方文化

安居古镇山川锦绣，人文鼎蔚，形成以龙文化、红色文化、码头文化、宗教文化、庙宇文化、书香文化等多种文化融为一体的具有鲜明地域特色的优秀文化。目前，古城内有市、区级文物古迹 197 处，国家级非物质文化遗产 1 项；宗祠、会馆、行会、商会、哥老会历史建筑众多，九宫十八庙保存完好，明清建筑鳞次栉比。古镇人杰地灵，历史上礼部尚书、封疆大臣、翰林大学士人才辈出；冯玉祥、刘伯承等一代名将在此工作生活过，抗战时期中央陆军军官学校设立于此。

（1）龙文化

龙是我国古代先民崇敬的图腾徽记，被视为最神圣、最完美的崇奉对象。家喻户晓的铜梁龙最早发源于安居古镇。在安居古镇，房脊绘龙、窗花贴龙、斗拱刻龙、柱基缠龙，唐代建筑波仑寺的两根主梁上刻有两条狮口猛龙，禹王宫的奉堂里供奉着九龙牌位；以龙为名的地名有化龙山、迎龙门、会龙桥、黑龙嘴、斩龙垭、龙兴寺等。至今安居古镇保留有许多与龙相关的民俗活动，如“端午划龙船”“春节玩龙灯”。安居古镇的火龙表演技艺精湛、气势恢宏，曾在2008年北京奥运会开幕式上精彩演出，获得国内外人士的众多好评。安居古镇也是铜梁民间彩扎工艺的发源地之一。现代民间工艺大师傅全泰，为中华铜梁龙的设计造型做出了不可磨灭的贡献。

（2）宗教庙宇文化

安居古镇是一个多种宗教文化融合的古镇，主要有儒家文化、佛教文化、道教文化、基督教文化。安居古镇宫庙众多，“九宫十八庙”分布在古镇四周，多系明清时期所建，其中文庙、武庙、下紫云宫为明代县治时修建。如今除少数被毁被拆外，大部分尚在，但由于年久失修，有些已破损倾斜。目前下紫云宫、万寿宫、元天宫、波仑寺、东岳庙、天后宫（妈祖庙）、禹王宫、帝主宫、城隍庙、文庙、火神庙、南华宫被列为区级文物保护单位（下紫云宫和波仑寺在20世纪50年代曾被评为省级文物保护单位）。

据光绪元年（1875年）《铜梁县志》载，“安居八景”有“化龙钟秀”“飞鳳毓灵”“玻仑捧月”“石马呈祥”“琼花献瑞”“紫极烟霞”“关溅流杯”“圣水晚眺”。八大景观美妙绝伦，既互相映衬，又各具特色，令人赏心悦目，赞不绝口，历代文人留下不少题咏“安居八景”的诗文。如今“安居八景”所剩不多，但古镇的“九宫十八庙”仍保存完好。万寿宫、下紫云宫、元天宫、城隍庙、东岳庙、妈祖庙等古建筑风格各异，造型独特，万寿宫具有东南亚异国风味，妈祖庙体现出安徽异地风情民俗，元天宫等处处可见龙形图雕，生动再现了博大精深的中华龙文化，显示了高超的建筑工艺水平。目前，保存最完好的是湖广会馆（禹王宫），气势磅礴、木雕精美，馆内收藏了许多明清时代的桌凳、雕刻精美的木床，有着浓厚的历史人文气息。

从唐朝保存至今的波仑寺目前仍然香火鼎盛，每逢农历初一和十五朝圣者众多，“波仑捧月”为“安居八景”之一。明成化年间修建的城隍庙、元天宫也保存完好，是道教朝圣之地。安居的庙会繁多，尤其是一年两次的城隍会更是兴盛，其间会有16人（分两班）抬着城隍菩萨游街，仙女撒花、蚌壳精、鲤鱼精、小彩龙、旱龙舟尾随其后，一路上浩浩荡荡、锣鼓喧天，家家户户门前点燃香烛，阖家老小作揖磕头，迎接城隍菩萨。香客从四面八方赶来，可谓是人山人海、热闹非凡。

（3）书香文化

“安居古城文人堆，诗词歌赋满城飞，民间故事绘声色，题图石刻立满碑”。据统计，安居自宋至明清，中举人者多达200余人，其中进士27人，翰林4人。其中王恕父子5人，3人为进士、2人为翰林，其家五代出举人共10多人。安居才子翰林学士王汝嘉参与编纂了世界文化巨著《四库全书》。翰林吴鸿恩受聘主持北京“愿学堂”“观善堂”讲席，门下弟子登科甲者众多，光绪二年丙子科殿试，三鼎甲（状元、榜眼、探花）悉出其门，在当时轰动朝野上下。如今安居古镇书院仍有琼江书院、崇德书院。另外，波仑摩崖石刻、米芾和韩愈的手迹石刻保存较好。

（4）码头文化

1 500多年的隋朝安居古镇因水运而建。由于水运的兴盛和治县所在地，安居古镇在明清间就建有“九宫十八庙”，特别是上、下王爷庙更是香火鼎盛，每天过往货船五六十艘停靠安居码头后，船主都要到王爷庙朝拜以保一路平安。现存王爷庙的山门上有“商船公所”匾额一幅，依稀可见当时江船云集之貌。商船公所是民国初所建的船运管理机构，担负着航运监管的有关职能。现在西街迎龙门码头是以前的进出港，码头石头上深深的凹槽就是几百年来纤绳摩擦所致。北门码头高高的石梯仍保留了下来，磨得水润光滑的石梯可以看出往昔的繁荣。涪江号子和城隍庙会就是码头文化的代表。袍哥文化、茶馆文化也是安居码头的文化缩影。

（5）移民文化

安居古镇水运便捷，在“湖广填四川”时各地移民相继进入安居，并将原居住地文化与当地文化共生共荣。由于清朝时期的两次大规模的移民，四川人口随之繁衍，以维护同乡利益、互相帮助济困扶危为目的，异籍人士在当地组织了同乡会，并各自修建了会馆。在清代中叶，位于内陆城镇的安居，就修建了福建会馆天后宫、湖广会馆禹王宫、广东会馆南华宫、江西会馆万寿宫、湖南会馆濂溪祠。会馆一般都选择在交通方便、商业行会集中之地，设在神庙中，有神殿、议事厅、戏台、厢房和供服务用的院落，以“迎麻神、聚嘉会、襄义举、笃乡情”为宗旨，供奉当地崇敬的神灵。如王氏江西籍人士，在安居形成了聚居区，遂于乾隆三年（1738 年）集资在安居化龙山西北台地，修建了江西会馆万寿宫。它东接文庙，南、西、北均临溪谷，向西可远眺琼江，是安居古镇有代表性的移民会所建筑之一。

5. 保护现状

安居镇近些年加强了古镇的保护与开发。安居镇维修了大南街、火神街，修缮了波仑寺、禹王宫、妈祖庙、下紫云宫、城隍庙，正在修复元天宫、万寿宫。政府投入资金新建了两江广场和跨越琼江的泉溪大桥，正在改建西街的乌木桥至城隍庙段。同时安居镇还在筹建安居污水处理厂和龙泉巴渝新居，目前古镇波仑寺片区基本维持原状。安居古镇在 2008 年成功申报为国家级历史文化名镇之后，为加快发展，将黑龙嘴片区 1.36 平方千米规划为发展新区，重点建设成为商贸、金融和旅游中心，以期达到古镇保护与新区开发的同步进行。

二、规划背景

1. 古镇旅游兴起背景

国内古镇旅游发展迅速，安居古镇契合了旅游发展的新需求。20 世纪 80 年代，周庄开创江南水乡古镇品牌，成为中国古镇旅游发展的开拓者。20 世纪 90 年代，江浙一带的古镇相继走上“旅游兴镇”之路，1997 年丽江大研古镇“申遗”

成功，1999 年浙江乌镇开始旅游开发工作。2001 年江南六镇——苏州周庄、同里、用直及浙江乌镇、南浔、西塘，共同被列入世界文化遗产预备清单。2003 年和 2005 年国家公布了两批共 44 个历史文化名镇，在古镇旅游热潮的带动下，我国各地开始大规模地发展古镇旅游。

2. 铜梁区发展战略背景

铜梁区结合自身发展实际，确定了重庆工业经济重要增长极、文化旅游城市、特色农产品生产基地和渝西地区重要生态屏障“四大战略定位”。打造文化旅游名城是铜梁区四大发展战略之一，而安居古镇是铜梁区旅游发展的一张文化名片。

3. 安居古镇现状背景

当前，铜梁区安居古镇的定位为“形成一定规模、环境优美、商贸繁荣、旅游兴旺的国家级历史文化名镇”与“发展古镇特色旅游的巴渝历史文化名镇”。为此，铜梁区采取了一系列活动，对安居古镇进行了大力宣传，如 2014 年年底举办的“中国四大古城文化旅游融合发展研讨会”，将安居古城与山西平遥古城、四川阆中古城、安徽徽州古城等四座古城结成“中国四大古城战略联盟”，并发表了《安居宣言》。同时安居古镇成为 2014 年“重庆十大新名片”之一，其知名度和美誉度显著提升。在此背景下，我们对古镇保护的力度和措施提出了诸多更高的要求。

三、关键问题

（1）古镇旅游业的快速发展与古镇历史文物保护之间的矛盾；

（2）古镇新建文化空间与传统文化空间的协调；

（3）巴渝古镇山水相宜、静怡和谐的人居环境保护与延续；

（4）古镇原住居民生活空间与利益的保护。

四、实习成果

1. 文本成果

文本成果有:《安居古镇保护规划说明书》《安居古镇保护规划文本》《安居古镇保护规划专题研究》《安居古镇保护规划资料汇编》。

2. 图件成果

图件成果有：安居古镇区位图；安居古镇现状图；安居古镇重点文物保护单位分布图；安居古镇文物古迹、传统街区、风景名胜分布图；安居古镇保护规划总平面布局图；安居古镇重点保护区域保护界限图；安居古镇空间景观规划图；安居古镇建筑高度控制图；安居古镇重点保护、整治地区的详细规划意向方案图等。

五、思考与拓展

（1）当前我国公众普遍缺乏对历史文化遗产进行保护的意识和热情。如何培养居民对历史文化的认同感和当地文化的自豪感，充分调动他们的积极性参与保护古镇文化是古镇保护规划中重要的内容。即古镇保护中如何提高当地居民的认同感和参与度？

（2）我国古镇大多是农耕经济和早期工业化时代的产物，建筑体量、空间尺度、街道格局及各类设施是适应当时的社会生活、生产方式、交通方式、起居形态以及思想文化的产物，而现代社会生活需要的是大尺度、大空间和开放性。在古镇保护中如何协调两者的矛盾？

附录：《安居古镇保护规划》调查问卷

您好！我们是人文地理与城乡规划专业的学生，为更全面了解广大群众对古镇保护工作的认识，为了使安居镇这一富有浓郁历史文化气息的古镇在发展中永葆活力与风采，更好地完善本次古镇保护规划方案，我们组织了此次调查活动。本次调查是无记名的，您的意见对铜梁区的未来发展非常重要，请您根据问卷上的要求，认真作答。谢谢您的支持与配合！

请您在符合自己情况、想法的选项前打钩。

1. 您的性别：□男　□女

2. 您的年龄：□18 岁以下　□18~30 岁　□31~40 岁　□41~50 岁
□51~60 岁　□61 岁以上

3. 最高学历：□无　□小学　□初中　□高中　□大专　□本科及以上

4. 您的从业情况：(可多选)

□种田　□养殖/牧业　□务工　□开店做生意　□一般干部　□学生
□无业

5. 您居住在：

□古镇　□古镇周边　□外地

6. 如果您是当地居民，家庭收入主要来源于：

□农业　□外出务工　□本地企事业单位
□旅游服务业　□经营农家乐　□其他

7. 您了解古镇评为“历史文化古镇”的最高级别是：

□县级　□市级　□省级　□国家级

8. 您认为古镇历史文化遗产保护的目的是：

□吸引外地游客的景观资源　□保护古镇居民的传统居住空间

□尊重并传承先辈遗留下的物质文化　　□丰富古镇居民现代文化生活

9. 您认为古镇保护的关键在于：

□保护措施科学　　□保护资金充足

□保护意识宣传　　□保护政策完善

10. 您了解安居古镇的历史文化遗产（如建筑、文物）吗？

□很了解　　□比较了解　　□知道一点　　□一点也不知道

11. 您喜欢安居古镇吗？

□很喜欢　　□一般　　□不太喜欢　　□不好说

12. 您认为当前安居古镇历史文化遗产的现状是：

□基本上未遭到破坏，保持原状　　□较大程度遭到破坏，少数保存完整

□遭到严重破坏，只留下废墟　　□破坏殆尽，需要复原重建

13. 您认为安居古镇的历史文物遭到破坏的原因是：

□当地政府保护力度不够　　□历史和社会事件（如战争）的影响

□某些人的刻意破坏　　□当地村民在日常生活中不爱护

14. 您认为安居古镇最需要改善的地方是什么：

□经济的发展　　□便捷的交通　　□文化氛围与人文形象

□丰富的娱乐商业公共服务设施　　□原住民的生活设施

15. 你是否会主动向别人推荐安居古镇：

□会　□不确定　□不会

16. 对安居古镇的保护与开发，您的看法是：

□以保护为主，限制或禁止开发，以免历史文化遭到破坏

□以开发为主，带动区域经济发展

□在保护原貌的基础上适度开发

□其他

17. 您认为现在安居古镇最大的问题是：（可多选）

□游人太多，导致原有环境被破坏

□现代商业气息太浓，历史气息逐渐淡去

□与其他古镇太过于相似，没有自身特色

□没什么好玩的景点，太平淡

18. 您如何评价安居古镇的旅游商业化：

□喜欢，促进地方经济发展　□不太喜欢，更喜欢有生活气息的古镇

□反对商业化　□无所谓

19. 您觉得安居古镇保护与发展应注意：（可多选）

□完善旅游服务设施　□限制商业开发

□整治与传统风格不协调的建筑　□维修破旧老房子

□限制新建房数量　□控制游客数量　□其他____________

20. 您认为安居古镇旅游发展中最需要改善的是？

□注重古城的文化特色塑造，改善现代商业化购物环境

□提供丰富的餐饮娱乐设施

□提供更多停车位和改善步行系统

□其他

21. 您认为安居古镇风貌所展现的历史感如何？

□很有历史穿越感　□一般　□没感觉

22. 你接受什么样的古镇面貌？

□完全传统　□以传统为主　□以现代为主　□完全现代

23. 您对本次关于“安居古镇历史文化遗产保护”的调研有什么意见和建议？

____

____

____

____

____

____

再次感谢您的参与，祝您生活愉快！

××调查组

第九章　旅游规划实习

第一节　实习目的、要求与内容

一、实习目的

旅游规划作为宏观层面上的专项产业规划，是城乡规划的重要内容，是当前经济产业发展大环境下的重要课程，具有较强的实用性。学生通过实习，旨在对所学的区域分析与规划、自然地理学和人文地理学、计算机制图及景观设计等课程进行综合运用，提高综合旅游规划分析和实践能力，熟练掌握旅游总体规划的五大环节和核心要点。

二、实习要求

1. 专业运用要求

学生通过实习，能够进一步理解并掌握旅游总体规划的基本原理和方法；掌握规划中所需资料的收集和处理方法；掌握旅游总体规划实践当中各个环节的衔接与任务；重点领会区域旅游定位的方法、空间格局架构及支撑项目策划；领会旅游发展需要各个环节部门的有力支持的重要性。

2. 实习成果要求

旅游规划实习成果包含三部分：规划文本、规划图纸和附件。文本要求文字表达规范、准确。规划图纸要求比例尺适当，内容齐全，图像表达清晰。附件主要包括规划说明书和基础资料汇编。

3. 组织纪律要求

实习分组进行，组长负责组员的所有行动并与指导教师沟通。实习过程中同学之间要相互学习，积极探讨，相互关心和帮助，共同完成实习任务，同时要严格遵守时间和安全纪律。

三、实习内容

（1）学生要深入调查和分析区域旅游资源类型、空间分布并做出基本的特色旅游资源评价；

（2）学生要制定区域旅游市场调查问卷，分析调查统计数据，得出区域旅游市场现状并预测区域旅游游客源及其规模；

（3）学生要收集旅游城镇及关键节点的旅游业发展基本资料，访谈规划区地方政府交通、旅游、文化、发改委等关键部门，了解其对区域旅游发展的基本想法与建议，访谈景区居民关于规划景点的历史文化，分析发展中的问题和可挖掘的特色；

（4）学生要收集规划区地形地貌图、等高线地形图（1：2 000），为空间分析和规划制图做准备；

（5）学生要调查规划区重要交通线路的分布及主要交通节点附近的城镇特色、景点分布；

（6）以小组为单位讨论规划区旅游资源特色、发展的基本定位；

（7）学生要依托地形图，标出各旅游资源点的空间分布及重要交通线走向、节点旅游城镇分布；

（8）学生要以所有资料和分析结果为基础，编制旅游规划方案。

第二节　实习原理与技术依据

一、实习原理

实习原理包括：国家标准《旅游资源分类、调查及评价》；旅游系统规划原理；旅游市场调查与预测方法；旅游发展主题定位的确定原则及要求；旅游发展空间布局类型及比较；旅游项目策划的基本要求；旅游接待设施规划要求（餐饮、住宿、购物、娱乐）；旅游基础设施及公共服务设施规划（交通、给排水、邮电通信、医疗、环境、解说系统）；旅游保障体系规划（组织、人才、资金、技术及政策）。

二、技术依据

（1）《中华人民共和国城乡规划法（2008 年）》；

（2）《旅游规划通则（GB/T18971-2003）》；

（3）《风景名胜区规划规范（GB50298-1999）》；

（4）《旅游区（点）质量等级的划分与评定（GB/T 17775-2003）》；

（5）《旅游资源分类、调查与评价（GB/T 18972-2003）》；

（6）《旅行社管理条例》；

（7）《旅行社国内旅游服务质量要求》；

（8）《导游服务质量》；

（9）《旅游饭店星级划分与评定》；

（10）规划区所在省市的相关法规；

（11）规划区所在省市的相关规划。

第三节　实习过程与方法

一、实习过程

（一）室内准备阶段

1. 组建实习小组

以班级为单位，采取自由组合原则，10 人为一个小组并选定组长；组长负责小组日常工作管理、进度把握、人员协调，并负责与指导教师的沟通与衔接。

2. 初步了解规划区基本情况

学生要熟悉规划区的基本情况，主要通过网络、图书馆收集相关资料。资料包括规划区域的地理位置、自然条件、环境条件、社会经济、发展历史等，学生要重点了解规划区旅游资源现状、特色、分布及旅游业发展概况等。

3. 列出所要收集资料清单，讨论并拟定访谈提纲，讨论并制定调查问卷等

资料清单主要包括：规划区所在地的城市总体规划、经济社会发展规划、旅游发展规划、交通发展规划、农业发展规划、文化事业规划等上位规划；等高线地形图、行政区划图资料（较大面积的调查区为 1∶50 000~1∶200 000，较小面积的调查区为 1∶5 000~1∶25 000，特殊情况下为更大比例尺）等相关图形、图像资料。

学生制定访谈提纲的目的是通过相关政府管理部门对区域旅游发展的现状、问题及蓝图等进行了解。

调查问卷主要针对规划实习区本地居民、外来的旅游者而设置，内容包括本

地居民对本区域旅游发展的看法、态度，外来游客的旅游动机、消费水平以及意见建议等信息（问卷见附录）。

（二）实地调研阶段

1. 资料收集

在该阶段，学生要走访相关政府管理部门，即到旅游局、规划局、国土房屋管理局、环境保护局、交通委员会以及发展改革委等部门收集相关文字资料；同时对政府相关人员进行访谈；收集规划实习区旅游发展主要节点城镇（或景区）的相关资料。

2. 问卷调查

在该阶段，学生主要采取随机抽样问卷方式，在旅游地主要景点及中心城镇、主要客源地交通车站进行问卷调查。

3. 现场勘察

在该阶段，学生要现场了解规划区各类型旅游资源、重要城镇的空间分布情况，并在地形图上填充；考察主要景区的经济、社会、地理环境等基本情况；拍摄主要旅游资源的现状影像。

（三）资料处理分析阶段

1. 资料处理

在该阶段，学生要对所收集的文字、图形、图像等资料进行处理，对访谈及问卷的结果分组进行统计整理。

2. 专题研究

在该阶段，学生要对规划中面临的重要问题进行专题研究，为规划方案的制订提供依据。这主要涉及“旅游资源评价研究”“旅游业发展的障碍因素及对策研究”“旅游市场与开发模式研究”以及“旅游用地问题研究”等。

（四）方案编制阶段

1. 头脑风暴

以小组为单位，就实地考察和前期资料分析、典型案例借鉴，分析提出规划区特色旅游资源品质与分布，根据市场需求，明确规划区旅游形象定位、功能定位、空间格局；讨论区域旅游规划，编写提纲并分工。

2. 初稿撰写

学生按头脑风暴讨论结果及分工，完成方案初稿，完成过程中不能脱离之前讨论的主题定位及分区，并且要借鉴国内外成功的类似案例。

3. 方案交流

提出方案后学生要与指导教师进行交流，向其汇报规划构思，并就一些规划原则问题做深入沟通。

4. 方案修改

学生要根据指导教师的意见对方案进行修改。

5. 意见反馈

学生将修改后的方案提交给指导老师并再次听取意见，对方案进行修改、完善后，转入成果编制阶段。

6. 主要成果

文本成果有：《旅游发展规划说明书》《旅游发展规划文本》《基础资料汇编》。

图件成果有：旅游区位图；旅游总体规划资源分布及评价图；区域旅游市场分布图；旅游交通规划图；旅游空间功能分区图；重点旅游项目分布图；旅游总体规划平面图。

（五）成果汇报阶段

以小组为单位，通过 PPT 和图纸展示方式，汇报规划成果。

二、技术与方法

（一）旅游市场规模的预测方法

1. 一元线性回归分析法

一元线性回归分析法主要是根据规划区的游客统计与发展时间之间进行线性预测的方法。此种方法需要进行相关性检验。否则该方法的预测不具有科学性。预测模型为：

$$Y_t = a + bx_t \tag{9.1}$$

式中，x_t代表 t 期自变量的值；Y_t代表 t 期因变量的值；a、b 代表一元线性回归方程的参数。在回归分析预测法中，分析者需要对 X、Y 之间相关程度做出判断，相关系数 r 的特征有：

①相关系数取值范围为：$-1 \leqslant r \leqslant 1$。

②r 与 b 符号相同。当 $r>0$，X 与 Y 为正线性相关关系，Xi 上升，Yi 呈线性增加；当 $r<0$，X 与 Y 为负线性相关关系，Xi 上升，Yi 呈线性减少。

③$|r|=0$，X 与 Y 无线性相关关系；$|r|=1$，X 与 Y 为完全确定的线性相关关系；$0<|r|<1$，X 与 Y 存在一定的线性相关关系；$|r|>0.7$，X 与 Y 为高度线性相关关系；$0.3<|r|\leqslant 0.7$，X 与 Y 为中度线性相关；$|r|\leqslant 0.3$，X 与 Y 为低度线性相关。

2. 指数法

指数法是依托规划基期游客统计数据，按几何增长率进行趋势外推的方法。此方法一般适用于规划区旅游发展进入成长期时的游客预测。

$$Q = B\ (1+M)^n \tag{9.2}$$

其中：Q 为规划年限末年游客数量（人次/年），B 为规划起始年游客数量（人次/年）；M 为游客数年均增长率（是关键点，可以通过参考上位旅游规划的预测增长率进行适当修正）；n 为规划年限。

3. 样本借鉴法

样本借鉴法是根据已有的类似旅游地的相关游客统计资料，通过借鉴来进行规划地游客规模预测的方法。关键点是参考旅游地的选择问题（参考旅游地与规划旅游地在资源性质、发展定位及区位条件上应当具有较大相似性）。

4. 面积法

面积法是根据规划地各旅游景点可供游览面积与游客旅游舒适度下的人均游览面积之比，再结合景点开放时间和游客平均停留时间的比值，进行综合预测的方法。此种方法是基于景区承载力和游客心理容量的预测方法，是一种可持续旅游发展的游客人次预测方法。

$$Q_{天} = M/m \times T/t \tag{9.3}$$

其中：M 代表游览区面积；m 代表人均感应氛围占有面积；T 代表景区每天开放时间；t 代表平均停留时间；k 代表景区年开放时间。$Q_{年}$ 是景区一年的游客接待量：

$$Q_{年} = M/m \times T/t \times k \tag{9.4}$$

（二）旅游形象定位常见方法

1. 主观定位法

主观定位法即根据旅游资源能够给旅游者带来的效用定位——买点定位。

例如：深呼吸一次，足足回味一辈子——香格里拉；一脚踏进历史，一天走遍世界——深圳锦绣中华、世界之窗；游承德，皇帝的选择——承德避暑山庄。

2. 客观定位法

客观定位法即根据旅游地旅游资源独特性进行定位——卖点定位。

例如：中国水城、天堂苏州——苏州；自然国心——陕西镇平县；中国牡丹之乡——洛阳。

3. 竞争性定位法

竞争性定位法即考虑国内外旅游竞争对手进行差异化定位。

例如：垄断定位——世界屋脊，长城故里；比附定位——东方威尼斯，塞上江南，东方夏威夷；逆向定位——世界赌城，北回归线上的绿色明珠；空隙定位——千雕之国；重新定位——浙江：上有天堂，下有苏杭，改为：山水浙江，诗画江南。

（三）旅游空间功能分区常见模型

（1）环自然风景点布局模式；

（2）社区—旅游吸引力综合体布局模式；

（3）环旅馆布局模式；

（4）三区结构布局模式；

（5）同心圆空间布局模式；

（6）双核布局模式；

（7）游憩区—保护区空间布局模式；

（8）草原布局模式；

（9）海滨旅游区布局模式；

（10）点环线圈布局模式；

（11）点轴带布局模式。

第四节　案例与拓展

一、区域概况

（一）区位条件

1. 地理及交通区位

铜梁区是重庆一小时经济圈的核心扩散层，渝遂高速公路自东南向西北贯境而过。铜梁距重庆主城 60 千米，距成都 200 千米，距遂渝铁路合川站 15 千米，距重庆江北国际机场 65 千米，5 条出境公路全长 157.5 千米，全区已经形成 30 分钟重庆、50 分钟城区的快捷交通网络，是川渝两地重要的交通枢纽。

南城街道位于铜梁城区南部，地处城郊，具有发展乡村旅游得天独厚的条件，是铜梁城区“东拓南扩”的重要区域，也是建设宜居铜梁的主要承载区。南城街道辖区内已新修泥结路 12.5 千米，维护、改造农村公路 90.31 千米，新修乡村便道近万米。此外，各等级公路交错分布并与城区相连，其中两鱼环线路、曹黄路与铜大路相连，环湖公路、桐白路、岳老路与国道 319 线相连，内外交通便捷，骨干道路体系已基本形成。

规划区区位如图 9.1 所示。

图 9.1　规划区区位

2. 旅游区位

根据《铜梁区旅游发展总体规划（2004—2020）》，铜梁区将着力打造龙文化旅游、温泉康体旅游、绿色生态乡村旅游三大主题。其旅游产品建设目标为：以休闲度假产品、康体养生旅游产品为主，以龙文化旅游、历史文化、古镇文化为补充的多元化旅游产品体系。本规划区紧邻城区，是铜梁旅游资源最富集和最有特色的区域，在铜梁区域旅游发展格局中具有举足轻重的作用。

（二）旅游资源概况

南城街道辖区内旅游资源丰富，现已形成以巴岳山—玄天湖为核心的生态旅游风景区以及中华龙温泉旅游度假区，各类人文历史旅游资源遍布各个村落，如计都寺、巴岳寺、西来寺、六赢古寨等。

1. 乡村旅游资源总体概述

从整体来看，南城街道拥有较好的乡村旅游环境条件，山地与浅丘陵交错分布，自然植被覆盖率高，立体感强，空气清新，环境优美，此外还具有丰富的文化内涵，构成了南城乡村旅游发展的基本条件。

自然生态旅游资源主要分布在辖区内的巴岳山和六赢山；景观农业基地主要集中分布在辖区内西北部的两路社区、河东村、西来村、翠英村和鱼溅村；正在修建的黄门风情古镇将乡村旅游景区的西北部和巴岳山风景区巧妙地连接在一起。从南至北，各种人文历史旅游资源广布，景观要素组配合理，自然旅游资源和人文旅游资源交相辉映、相得益彰。

2. 乡村旅游资源类型

结合乡村旅游资源分类，我们现归纳整理出南城街道乡村旅游资源基本概况，见表 9.1。

表 9.1　　　　南城街道乡村旅游资源基本概况

类型	名称	位置	景点简介
乡村自然生态景观	1. 巴岳山风景区	巴岳村	巴岳山是市级风景名胜区，位于铜梁区城南郊，玄天湖畔。三十五峰青山重叠、秀水环流、景色优美，并以其山秀、岩险、林密、水美、石奇和众多的人文景观和独特的文化内涵著称。巴岳山有天灯照海、昆仑三洞、飞来奇石、棋盘石、黄桷门奇观、巴岳寺、慧光寺和被命名为重庆小十景之一的“巴岳游龙”等丰富的旅游资源
	2. 玄天湖风景区	黄门村	玄天湖水库是一座集农业灌溉、城市供水、防洪及环境生态保护为一体的中型水库，系重庆市“泽渝工程”项目之一。水库总库容为 1 056 万立方米，最大坝高 29.69 米。3.5 千米长的水面宛如一条巨龙盘绕在巴岳山脚下，湖面港湾连绵、小岛点缀，山水相映，与巴岳山雄伟的山势相呼应，湖光山色交相辉映，自然胜景宛如天成
	3. 中华龙温泉度假区	黄门村	中华龙温泉日涌水量达 5 000 立方米，常年恒温为 42 摄氏度，享有“中华龙泉”的美誉。综观其水温、水质、水量及区位优势，中华龙温泉是西南地区最具开发价值的温泉
	4. 百年黄桷树	巴岳山北麓	黄桷树也叫情人树，树龄有 300 多年，传说情人同时从树下走过，一生都不会分开
乡村田园景观	1. 蔬菜基地	河东村	与侣俸镇相连的区域准备打造 400~500 亩左右的蔬菜基地
	2. 桂花长廊	两路社区、河东村、西来村	桂花长廊基地的面积已达 4 500 亩，其中核心区有 1 500 亩，是目前西南地区最大的桂花园
	3. 枳壳中药材基地	西来村	枳壳基地面积已达 3 000 亩，将为铜梁建设万亩枳壳中药材种植基地提供示范作用
	4. 花卉苗木基地	鱼溅村	花卉苗木基地正在规划建设中，将为铜梁花卉产业的发展提供引领示范作用
	5. 大垭口水库	河东村	大垭口水库位于六赢山，是一座小（二）型水库，三面汇水，水质较好，水库周围自然环境优美，是发展旅游度假村的理想选地
	6. 张家三层房水库	西来村	张家三层房水库位于西来村境内，是一座集农业灌溉和生态环境保护为一体的小（二）型水库
	7. 金桩岩水库	两路社区	金桩岩水库是一座小(二)型水库,水库周围群山环抱,植被葱郁，汇水充足，是人们夏季休闲纳凉的好去处

表9.1（续）

类型	名称	位置	景点简介
乡村遗产与建筑景观	1. 计都寺	两路社区	计都寺是区级文物保护单位，原名普及院，始建于宋熙宁年间。计都寺坐南朝北中轴线上，依次建有天王殿、古佛殿、大雄殿，双重天井，呈四合院布局。计都寺现在由区佛教协会管理，开放为宗教活动场所，至今香火仍然很旺
	2. 巴岳寺	巴岳村	巴岳寺是区级文物保护单位，唐代为宣密院，宋代为普门寺，明永乐六年寺僧宝峰拓地改建，明宣德中始名巴岳寺，经历朝修葺扩建，寺庙规模宏大，与重庆华岩寺同为川东名刹
	3. 区正谊中学避日机轰炸迁校记事题刻	巴岳村	该题刻是区级文物保护单位，记述了1939年日本飞机轰炸铜梁县城，县私立正谊中学迁巴岳寺继续行课
	4. 天灯石、棋盘石、三风洞	巴岳村、巴岳山	这三处景观均为区级文物保护单位，均为明永乐初，武当拳击祖师张三丰在巴岳山修炼、坐卧、祭天的遗址
	5. 圣泉寺石洞记事题刻	在圣泉寺后山石壁上	该题刻是区级文物保护单位。石刻题记凿刻于清咸丰庚辰年十二月，记述了清咸丰庚辰农民起义军蓝大顺攻打铜梁县城三天三夜，未攻下，最后在石鱼陡沟子一战败后，从白羊场走，经安居逃往潼南遂宁一事
乡村遗产与建筑景观	6. 西来寺（含杨德培墓）	西来村	西来寺准备申报为区级文物保护单位。西来寺始建日期无法考证，现梁上有清嘉庆和清道光十五年维修题记。西来寺是中共川东地下党活动的一个重要遗址，维修后可以作为对青少年进行革命传统教育的阵地和开放为红色旅游地
	7. 明朝兵部尚书故居——张家院	翠英村	从建造题刻和出土墓志考证，张家院应是明朝兵部尚书张佳胤后嫡的宅第。张家院坐北朝南，为砖、石、木结构，呈四合院布局，双重天井，后楼为重檐
	8. 六赢古寨	河东村	六赢古寨因地处六赢山而得名，古寨历史悠久，可以追溯到唐朝大历十四年，资州、泸州少数民族侵犯县境，县令赵延之率兵民在六赢山筑寨抵御，六战六捷，不仅六赢山因此得名，古寨也遗留下来，保存至今
	9. 六赢蛮子洞	西来村	蛮子洞位于西来村六赢山的峭壁上，地势险峻。洞内有房有床有灶，人们自带衣物、铺盖就可入住。据说蛮子洞是被称为“蛮子”的少数民族人的居住地，这些蛮子腿脚长且灵活，可以攀岩走壁，于是将房屋筑在干燥且坚硬的石岩上。蛮子洞具有很大的科考价值

表9.1(续)

类型	名称	位置	景点简介
乡村遗产与建筑景观	10. 花房子	翠英村	花房子坐东向西，是木结构，呈四合院布局，多重天井，除明间为抬梁式梁架，其余为穿逗式木结构梁架，悬山顶屋顶，小青瓦屋面。正梁题记为“清光绪甲申季春月上浣吉立”
	11. 狮象桥	鱼溅村	狮象桥位于鱼溅村小溪入淮远河口处，东西走向，石结构单孔拱桥,拱顶题记为“皇上乾隆五十三年冬月吉旦”
	12. 冷全珊暨德配太夫人合葬墓	翠英村	墓碑为牌楼状，四柱三间，明间碑文由黑龙江省督军兼省长朱庆澜敬撰并书，时间为1932年。墓2001年被盗，石狮、石刻对联、卷草花纹图案和部分碑文仍在
	13. 马滩桥	马滩村	马滩桥跨越淮远河，清乾隆五十一年戊申岁孟夏月募众更修
	14. 马滩庙	马滩村	马滩庙位于马滩桥头，清康熙十七年建
	15. 复兴桥（付家桥）	黄门村	复兴桥跨越淮远河，清乾隆五十二年丁未岁八月募众更修
	16. 长河偏崖墓群	鱼溅村	墓群位于鱼溅村淮远河长河偏石壁上，共5座，保存较好

（三）社会经济状况

1. 行政区划及面积

南城街道位于铜梁城区南部，辖区面积为60.34平方千米，辖2个城市社区、3个农转非社区、9个建制村。截至2012年年底，辖区总人口有5.52万人，其中城镇居民有2.68万人，农村居民有2.84万人。

2. 经济产业情况

经过多年建设，辖区内现代农业发展规模正不断扩大，农业产业优势突出，现已初步形成多种景观农业基地，如蔬菜基地、绿化苗木基地、桂花基地和枳壳中药材基地。

截至2011年年底，全街道土地流转面积达21 829亩（其中规模经营面积为14 115亩，占总耕地的54%，高于全区平均水平20个百分点）。全街道规模经营大户有63户，其中1 000亩以上的业主有6户（万美、绿惠达、威凯农业、双碾林场、子奇药材、万润林业），100亩以上业主有15户，主要以花卉、蔬菜、水产（特种）养殖、药材、休闲农庄五大产业为主。街道目前已经成立禄旺蔬菜、兴龙食用菌、中药材、金福养殖、神龙畜牧养殖、农机等一批专业合作社。南城休闲观光农业初具规模，逐步形成了黄门、桐子、巴岳、河东旅游观光区，翠英优质粮食、花卉苗木、西来中药材、莲藕、食用菌、南门水产、水果、聚星蔬菜观光农业等特色产业，为南城打造国家4A级乡村旅游风景区奠定了坚实基础。

（四）旅游业现状

“十一五”期间，铜梁区城郊都市休闲观光农业发展取得显著成效。双山乡樱桃产业基地初具特色，蒲吕沙心生态园、土桥生态湿地荷花园、南城桂花长廊、黄门休闲体验观光农业园、星级农家乐建设大力推进，初步形成以赏花、采果、体验为特色的休闲观光农业区，带动农村经济发展。

2011年，铜梁区委、区政府将发展乡村旅游纳入全区富民增收的十件大事，已经先后开展了龙灯文化旅游节、樱桃节、荷花节、桂花节和古城江畔文化节，积累了经验，办出了名气，为吸引游客奠定了基础。

但是，南城乡村旅游尚不是一个热点旅游目的地，在外的知名度较低，接待游客相对较少，主要客源以铜梁区和周边区县的本地客源为主，市内其他地区和外省游客相对较少，“过境”游客则更少。由于南城旅游基础设施不完善，配套产业零星分布，缺乏统一的规划与建设，游客绝大多数为一日游散客。总体上，目前南城乡村旅游尚处于启蒙阶段。

二、规划背景

1. 旅游业趋势背景

在国际国内旅游大发展背景下，国内旅游已经从观光旅游向休闲度假旅游转变；乡村旅游成为国内旅游的重要支撑点，城市居民所向往的乡村田园牧歌般的景致和悠闲的生活方式已经成为乡村旅游的一大卖点。

2. 国家旅游业发展政策背景

2014 年 8 月，国务院出台《大力推进旅游业发展的若干意见》，尤其是旅游用地政策和旅游精准扶贫政策的出台，为乡村旅游发展带来新的契机。

3. 铜梁区发展战略与铜梁区旅游区位背景

铜梁区已经将旅游业作为区域经济社会发展的四大战略之一，出台了一系列推进旅游发展的政策措施；重庆市旅游空间区划中，铜梁区位于渝西乡村旅游休闲走廊区重要节点位置。

三、关键问题

（1）乡村旅游的主要客源市场一般来自区域中心城市，南城街道旅游发展面临重庆市主城周边乡村旅游的竞争，如何实现差异化竞争是规划的关键点。

（2）旅游市场细分是关键点。南城旅游市场是瞄准所有的主城游客还是其中的部分特殊游客将影响其定位和产品设计。

（3）旅游发展用地如何与我国严格的土地政策法规有机融合的问题。

（4）旅游发展过程中，当地居民的旅游受益如何保障的问题。

四、实习成果

1. 文本成果

文本成果有：《铜梁区南城街道乡村旅游发展规划说明书》《铜梁区南城街道乡村旅游发展规划文本》《铜梁区南城街道乡村旅游发展规划基础资料汇编》。

2. 图件成果

图件成果有：铜梁区南城街道乡村旅游发展规划区位图；铜梁区南城街道乡村旅游发展规划旅游资源分布及评价图；铜梁区南城街道乡村旅游发展规划客源市场分布及定位图；铜梁区南城街道乡村旅游发展规划旅游功能分区图；铜梁区南城街道乡村旅游发展规划旅游交通规划图；铜梁区南城街道乡村旅游发展规划项目分布图；铜梁区南城街道乡村旅游发展规划总体平面图等。

五、思考与拓展

（1）智慧旅游时代下的旅游发展规划市场细分、产品设计及营销措施。

（2）国内外乡村旅游发展模式、问题及未来展望。

提示：智慧旅游来源于“智慧地球”和“智慧城市”。2008 年国际商用机器公司（IBM）首先推出了“智慧地球”的商业计划，将“数字地球”的概念具体化和商业化。其核心就是以一种更智慧的方法通过利用新一代信息技术来改变政府、公司和人们相互交互的方式，以便提高交互的明确性、效率、灵活性和响应速度。

“智慧城市”是“智慧地球”在城市建设和管理中的具体实践。IBM 认为 21 世纪的“智慧城市”能够充分运用信息和通信技术手段感测、分析、整合城市运行核心系统的各项关键信息，从而对于包括民生、环保、公共安全、城市服务、工商业活动在内的各种需求做出智能的响应，为人类创造更美好的城市生活。该定义的实质是通过应用先进的信息技术，实现城市智慧式管理和运行，进而为城市中的人创造更美好的生活，促进城市的和谐、可持续成长。IBM 的“智慧城市”理念把城市本身看成一个生态系统，城市中的市民、交通、能源、商业、通信、水资源构成了子系统。这些子系统形成一个普遍联系、相互促进、彼此影响的整体，我国学术界对“智慧城市”也有自己的解读。国家信息化专家咨询委员会副主任、中国工程院副院长邬贺铨认为，智慧城市就是一个网络城市，物联网是智慧城市的重要标志；两院院士、武汉大学李德仁教授形象的说法是：数字城市+物联网=智慧城市。新加坡提出 2015 年建成“智慧国”的计划；台北市提出建设智慧台北的发展战略；上海、深圳、南京、武汉、成都、杭州、宁波、佛山、昆山等城市相继制定了“智慧城市”的发展战略。

智慧旅游是在智慧城市的基础上发展而来的，是智慧城市在旅游城市和城市旅游两大领域的推广性应用，是将服务对象由城市居民向外来游客的内涵式延伸，也是数字旅游发展的高级阶段。

目前国内旅游业界和学术界对于智慧旅游还没有一致的定义。我们认为，智慧旅游是基于新一代的信息通信技术（ICT），将云计算（SaaS、PaaS、IaaS）、物联网（RFID技术、传感器等）、互联网（Web 2.0技术、三网融合技术等）和个人移动终端（3G技术、PDA等）、人工智能等技术集成和综合。智慧旅游是信息通信技术与旅游业融合发展的顶层设计。与某种信息技术在旅游业中的应用不同，智慧旅游是信息技术在旅游业中的应用创新和集成创新，是为满足游客个性化需求，提供高品质、高满意度服务，而实现旅游资源及社会资源的整合共享与有效利用的系统化、集约化的管理变革。

1. 主体架构

智慧旅游是一个综合性强、涉及面广的系统工程。在规划、开发和建设过程中，我们首要遇到的问题是如何明确开发主体、运营主体以及应用主体。我们认为，智慧旅游的主体构架可以从能力、属性和应用三个维度来定义。

能力是指智慧旅游所具有的先进信息技术能力；属性是指智慧旅游的应用是公益性的还是营利性的；应用是指智慧旅游能够向应用各方利益主体提供的具体服务和功能。公益性是指智慧旅游的应用由政府或第三方组织提供，以公共管理与服务为目的，具有非营利性。营利性应用由市场化机制来决定服务提供商。智慧旅游的属性能够决定其开发主体、应用主体以及运营主体。

智慧旅游的CAA框架体系的内涵可归结为以下三点：

（1）以智慧旅游目的地的概念来明确应用主体，因此，除了一般智慧旅游所涵盖的旅游者、政府、企业之外，智慧旅游还包含了目的地居民，即智慧旅游涵盖了景区、城市（街区、社区等）、区域性旅游目的地概念；

（2）公益和营利属性是信息技术能力和应用的连接层，即我们从纵向可建立起基于某种（某些）信息技术能力，具有公益或营利性质的，面向某个（某些）应用主体的智慧旅游解决方案；

（3）公益性智慧旅游和营利性智慧旅游的各种应用以及两者之间具有某种程

度的兼容性和连通性，可最大限度地避免信息孤岛和填补信息鸿沟。

2. 核心技术

智慧旅游是下列四大核心技术的集成和应用：

（1）云计算。确切地说，云计算（Cloud Computing）不是指某项具体的技术或标准，而是一个概念，是一种计算模式和一种对于信息技术（IT）资源的应用模式，是对共享的可配置的计算资源（如网络、服务器、存储、应用和服务）提供无所不在的、方便的、随需的网络访问。终端使用者不需了解云计算的技术细节或相关专业知识，只需关注自己需要什么样的资源以及如何通过网络来得到相应服务，其目的是解决互联网发展所带来的海量数据存储与处理问题。云计算的核心思想是计算、信息等资源的有效分配。云计算包含两个方面的含义：一方面指用来构造应用程序的系统平台，其地位相当于个人计算机上的操作系统，称为云计算平台（简称云平台）；另一方面描述了建立在这种平台之上的云计算应用（简称云应用）。云计算平台可按需动态部署、配置、重新配置以及取消部署服务器；这些服务器可以是物理的或者是虚拟的。云计算应用指一种可以扩展至通过互联网访问的应用程序，其使用大规模的数据中心以及功能强劲的服务器来运行网络应用程序与网络服务，使得任何用户通过适当的互联网接入设备与标准的浏览器就能够访问云计算应用。云计算的服务可以分为三个层面：基础构架即服务（IaaS）、平台即服务（PaaS）和软件即服务（SaaS）。

智慧旅游的云计算建设须同时包含云计算平台与云计算应用。目前智慧旅游实践中经常混淆了云计算平台与云计算应用两个概念，如“旅游云”“旅游云计算”“旅游云计算平台”等。实际上，云平台具有某种程度的应用无关性，因此智慧旅游的云计算的应用研究应侧重于云计算应用，如研究如何将大量甚至海量的旅游信息进行整合并存放于数据中心，如何构建可供旅游者、旅游组织（企业、公共管理与服务等）获取、存储、处理、交换、查询、分析、利用的各种旅游应用（信息查询、网上预订、支付等）。从某种程度上讲，云计算在智慧旅游中体现的是旅游资源与社会资源的共享与充分利用以及一种资源优化的集约性智慧。

（2）物联网。物联网（Internet of Things，IOT）的概念于1999年由美国麻省理工学院提出。物联网主要是指依托射频识别（RFID）等信息传感技术与设备，将任何物品按照约定协议与网络进行连接和通信，从而构成“物物相连的网络”，实现物品信息的职能识别和管理。随着信息技术和应用的不断发展，物联网的内涵也不断扩展。目前，业界和学界普遍认可的物联网是指利用射频识别（RFID）、全球定位系统（GPS）以及传感器、执行器等装置对物理世界进行感知识别，依托通信网络进行传输和互联，利用计算设施和软件系统进行信息处理和知识挖掘，实现人与物、物与物的信息交互和无缝链接，从而达到对物理世界的实时控制、精确管理和科学决策。

物联网的体系构架由感知层（传感设备、识别技术）、传输层（无线通信技术、广域网技术、网关技术）和应用层（云计算、海量数据存储、数据挖掘与分析、人工智能）组成。

智慧旅游中的物联网可以理解为互联网旅游应用的扩展以及泛在网的旅游应用形式。如果称基于互联网技术的旅游应用为“线上旅游”，那么基于物联网技术的旅游应用则可称为同时涵盖“线上”与“线下”的“线上线下旅游”。物联网技术突破了互联网应用的“在线”局限，而这种突破是适应旅游者的移动以及非在线特征的。泛在网是指无所不在的网络，即基于个人和社会的需求，利用现有的和新的网络技术，实现人与人、人与物、物与物之间无所不在的按需进行的信息获取、传递、存储、认知、决策及使用等的综合服务网络体系。基于物联网的旅游应用的“线上”“线下”融合体现了泛在网“无所不在”的本质特征，而这种本质也是适应旅游者的动态与移动特征的。

（3）移动通信技术。移动通信是物与物通信模式中的一种，主要是指移动设备之间以及移动设备与固定设备之间的无线通信，以实现设备的实时数据在系统之间、远程设备之间的无线连接。因此，移动通信可理解为物联网的一种物与物连接方式，是支撑智慧旅游物联网的核心基础设施。移动通信技术作为物联网的一种连接方式之所以被特别提出，是因为随着移动终端设备和技术如智能手机和掌上电脑（PDA）的发展与普及，移动通信技术使得信息技术的旅游应用从以个人计算机为中心向以携带移动通信终端设备的“人”——旅游者为中心发展，体现了以散客为服务对象的信息技术的应用方向。个人计算机基于计算机网络技术连接，通过互联网技术繁荣各种旅游应用；而移动通信终端设备基于移动通信技术连接，通过互联网、物联网技术繁荣各种旅游应用。移动通信技术自诞生以来迅猛发展，已经从第一代发展至第三代（3G）并正在向第四代（4G）发展。智慧旅游中的移动通信技术为旅游者提供丰富的高质量服务，如全程（游前、在途、游后）信息服务、无所不在（任何时刻、任何地点）的移动接入服务、多样化的用户终端（个性化以及语音、触觉、视觉等多方式人机交互）以及智能服务和智能移动代理（Intelligent Agent）等。智慧旅游的移动通信技术应用将极大改善旅游者的旅游体验与游憩质量，提升旅游目的地管理水平与服务质量，使旅游管理与服务向着更加精细以及高质量的方向推进。移动通信技术在智慧旅游中体现的是满足游客个性化需求，提供高品质、高满意度服务的智慧。

（4）人工智能技术。人工智能（Artificial Intelligence，AI）是研究如何应用计算机的软硬件来模拟人类某些智能行为的基本理论、方法和技术，涉及知识表示、自动推理和搜索方法、机器学习和知识获取、知识处理系统、自然语言理解、计算机视觉、智能机器人、自动程序设计等方面的研究内容。人工智能技术目前已经被广泛应用于机器人、决策系统、控制系统以及仿真系统中。智慧旅游包含了以物联网与移动通信为核心的先进计算机软硬件以及通信技术，也包含了以云计算为核心的计算与信息资源的合理及有效分配技术。但是，如何充分利用智慧旅游不断采集、存储及处理大量甚至海量数据信息，使其能够在旅游服务及管理等方面发挥重要作用，是关系智慧旅游成败的关键问题。人工智能就是智慧旅游用来有效处理与使用数据、信息与知识，利用计算机推理技术进行决策支持并解决问题的关键技术。在旅游研究领域，人工智能更多地被用于旅游需求预测中；而人工智能在智慧旅游中的作用不仅在于此，还包含游憩质量评价、旅游服务质量评价、旅游突发事件预警、旅游影响感知研究等诸多领域。如果将物联网、云计算以及移动通信技术看成智慧旅游的构架技术，那么人工智能就是智慧旅游的内核技术。

3. 应用对象

智慧旅游的四大应用对象为：以政府为代表的旅游公共管理与服务部门、旅游者、旅游企业以及目的地居民。与传统旅游信息技术应用面向政府、企业与旅游者三大主体不同，智慧旅游将目的地居民纳入应用对象，即智慧旅游在智慧城市外延下，不仅能够为旅游者提供服务，还能够使旅游管理、服务与目的地的整体发展相融合，使旅游者与目的地居民和谐相处。智慧旅游面向这四大应用主体构建应用系统，既需要满足应用主体自身的需求，也需要满足应用主体之间的交互需求。例如，对于旅游者，智慧旅游既面向旅游者自身（T）及旅游者之间（T2T）的需求，又面向旅游者与政府之间（T2G）、旅游者与企业之间（T2B）以及旅游者与目的地居民之间（T2R）的交互需求。

4. 建设重点

智慧旅游的建设重点集中于三个方面：

（1）满足海量游客的个性化需求。日渐兴盛的散客市场使得自助游和散客游已经成为主要的出游方式。据不完全统计，到北京旅游的散客占到游客总数的80%。未来散客的市场份额将不断扩大，因此更加便利快捷的智能化、个性化、信息化的服务需求量将不断扩大。

（2）实现旅游公共服务与公共管理的无缝整合。随着电子政务向构建服务型政府方向发展，旅游信息化的高级阶段应是海量信息的充分利用、交流与共享，以“公共服务”为中心的服务与管理流程的无缝整合，实现服务与管理决策的科学、合理。

（3）为企业（尤其是中小企业和小微企业）提供服务。中小旅游企业的信息化水平不高，在智慧旅游的建设过程中如何吸引中小旅游企业加快信息化进程是目前各智慧旅游试点省市在实践中遇到的问题。基于云计算的智慧旅游平台能够向中小旅游企业提供服务，为其节省信息化建设投资与运营成本，是中小旅游企业和小微旅游企业进行智慧旅游集约化建设的最佳方式。

5. 前景展望

智慧旅游的创建将全面而又系统地提升旅游服务和管理水平，从根本上颠覆传统旅游业的运营管理模式和商业盈利模式，实现对传统旅游业的“底层格式化”，从而达到旅游企业流程再造和旅游产业价值链重组，催生和培育旅游新型业态和现代服务业，如游客位置服务（数字导览解说、消费指南）、数据外包服务（游客数据挖掘和分析）、文化创意产品（旅游文化的深度开发，旅游纪念品的多样化）等，形成一批服务于旅游产业的IT企业和文化企业集群，其中大多是专业化的中小企业，甚至是小微企业。我们借助智慧旅游可以最大限度地满足游客个性化需求和提供定制化服务；实现旅游资源和社会资源的共享与资源的系统化、集约化管理；推进旅游市场的分工重组，延长旅游产品链和产业链，促进现代旅游服务外包业务，从根本上改变旅游行业形态和旅游经济格局。

目前我国智慧旅游的理论与实践主要着眼于面向游客的信息技术应用，而对于创新行业基础管理（如旅游统计制度、游客满意度调查、旅游价格指数发布、游客流量预测等）和转变增长方式（如促进旅游与其他产业融合发展、催生旅游新业态、资源环境的保护和利用等）乃至加快旅游管理制度创新等方面关注不多，事实上，这些领域才是智慧旅游顶层设计的价值所在，也是区别于日常语境的旅游信息化。从这个意义上看，智慧旅游是旅游业现代化转向的导航器，是通往可持续增长道路的领路者。

附录：《铜梁区南城街道旅游市场》调查问卷

尊敬的游客：

您好！我们是来自人文地理与城乡规划专业的学生，为更好地促进南城街道旅游业的发展，现通过问卷的形式了解游客需求及建议，希望能得到您的支持，在此深表感谢！本次调查是无记名的，您的意见对南城街道旅游业的未来发展非常重要，请根据问卷上的要求，认真作答。谢谢您的配合与支持！

请您在符合自己情况、想法的选项前打钩。

1. 您的性别： □男　□女

2. 您的年龄是：□20岁以下　□21~30岁　□31~40岁　□41~60岁　□61岁以上

3. 您的职业是：□学生　□专业技术人员　□公务员
□企业管理人员　□商人或个体经营者　□其他

4. 您的月收入水平：□1 000元以下　□1 000~2 000元　□2 000~3 000元　□3 000~4 000元　□4 000元以上

5. 您来自于：
□铜梁区　□重庆主城九区　□铜梁周边区域　□重庆以外省市

6. 您是以什么方式来景区游览：
□自驾车　□跟旅游团　□与朋友同事一同　□自由行

7. 您一般外出旅游的时间是：
□双休日　□黄金周　□带薪假期　□任何有空闲的时间

8. 您是通过哪种途径了解铜梁旅游的？
□报纸电视广告　□旅行社咨询　□网络查询　□朋友同事推荐

9. 您本次出游的目的是：（可多选）

□观光　　□休闲度假　　□购物娱乐　　□探亲访友

□养生康体　　□修学提升　　□户外拓展

10. 您对景区服务及管理的满意程度：

□很满意　　□满意　　□一般　　□不满意　　□很不满意

11. 请您针对在南城街道游玩过程中的体会或者经历来对以下方面的期望程度、满意程度进行打分［请您用1~5打分，1分表示非常不满意（不重要），5分表示非常满意（重要），2~4代表的满意程度由低至高］。A. 期望程度：是指您在接受服务前或者游览前的打分；B. 满意程度：是指您在接受服务中或者游览过程中的打分；C. 住宿、管理与服务：若无相关的体验可以划“/”，不作答。

表1　　期望程度与满意程度调查表

内容		期望程度	满意程度
景区景观	景区特色		
	特色活动（项目）		
	文化价值		
	游览价值		
	游览环境		
餐饮服务	特色		
	价格		
	卫生		
交通	便捷性		
	安全性		
	舒适性		
娱乐项目	价格		
	娱乐性		
	安全性		
	独特性		

表1(续)

内容		期望程度	满意程度
购物	价格		
	商品特色		
	商品包装		
	购物环境		
	商店信誉		
住宿（若无体验可不作答）	卫生		
	舒适		
	价格		
	与景区的融入度		
休闲	价格		
	服务质量		
	人员素质		
	休闲环境		
	场所布置合理性		
基础设施	公共厕所		
	公共休息设施		
	引导标志物		
	安全设施		
	绿化效果		
管理与服务（若无体验可不作答）	旅游投诉		
	咨询服务		
	服务方式		
	服务态度		
	服务效率		

12. 您对南城街道哪一个景点最满意？

□巴岳山景区　□黄门新村　□七彩梦园　□葡萄基地

□农家庭院　□草莓基地　□玫瑰等花卉基地　□枳壳园

13. 您是否还会来城南街道旅游：

□一定　　□不一定　　□不来

14. 您在景区的消费主要集中在：（可多选）

□门票　　□餐饮　　□住宿　　□购物　　□娱乐

15. 你对景点开发的建议：________________________________

____

____

____

____

再次感谢您的参与，祝您生活愉快！

××调查组

第十章　城市绿地系统规划实习

第一节　实习目的、要求与内容

一、实习目的

城市绿地系统规划是城市总体规划阶段的多个专项规划之一，是人文地理与城乡规划专业实习中的重要内容。学生通过实习，可掌握城市绿地在总体规划阶段的统筹安排及其各类绿地规划的组织结构和布局形式，培养理论联系实际、综合分析问题和解决问题的能力。实习为学生后续的毕业实习与设计等教学环节的顺利完成奠定基础，也为学生毕业后从事风景园林景观的规划与设计等有关工作奠定必要的实践基础。

二、实习要求

1. 专业运用要求

学生通过实习，掌握城市绿地系统规划中的城市绿地现状调查与分析方法；

了解绿地系统总体布局的规划目标、依据与原则的制定；掌握绿地系统的生态结构与总体布局；掌握各类绿地的具体内容和规划要点。熟悉城市绿地系统规划方案编制与规划图件的制作，从而提高综合实践能力。

2. 实习成果要求

城市绿地系统规划实习成果包含三部分：规划文本、规划图纸和附件。文本要求文字表达规范、准确。规划图纸要求比例尺适当，内容齐全，图像表达清晰。附件主要包括规划说明书和基础资料汇编。

3. 组织纪律要求

实习分组进行，组长负责组员的所有行动并与指导教师沟通。实习过程中同学之间要相互学习，积极探讨，相互关心和帮助，共同完成实习任务，同时要严格遵守时间和安全纪律。

三、实习内容

（1）学生应勘察城市各类绿地现状，并进行分类。

①公园：级别、性质、特色。

②生产绿地：面积、位置、生产状况。

③防护绿地：类型、规模。

④附属绿地：城市用地内绿化现状。

（2）学生应对选定城镇的绿地进行分类分析、指标分析及其布局结构分析。

（3）学生应对选定城市绿地用地系统进行总体布局规划和立意构思，确定园林绿地系统指标，划分城市绿地功能分区。

（4）学生应对选定区域内的公共绿地、防护绿地、道路绿地、单位附属绿地、生产绿地、居住区绿地、避灾绿地等进行专项规划。

（5）学生应对选定区域的城市园林绿化树种进行规划。

（6）学生应对选定区域的生物多样性、古树名木进行保护；对绿地景观风貌进行规划。

（7）学生应进行分期建设规划。

第二节　实习原理与技术依据

一、实习原理

实习原理包括：城市绿地用地选择的原则及要求；城市绿地总体布局的原则；城市公园绿地布局的原则及要求；城市防护绿地布局原则及要求；城市道路绿地布局原则及要求；城市单位附属绿地布局原则及要求；城市生产区绿地布局原则及要求；城市居住区绿地布局原则及要求；城市避灾绿地布局及要求；城市绿地生物多样性、古树名木保护原则与要求；城市绿地景观风貌规划原则与要求。

二、技术依据

（一）法律、法规

（1）《中华人民共和国土地管理法（2004 年修正）》；

（2）《中华人民共和国城乡规划法（2008 年）》；

（3）《中华人民共和国环境保护法（2001 年修正）》；

（4）《中华人民共和国文物保护法》；

（5）《中华人民共和国森林法（2000 年修正）》；

（6）《中华人民共和国水土保持法》；

（7）《城市绿化条例（中华人民共和国国务院令第 100 号）》；

（8）《城市绿线管理办法（中华人民共和国建设部令第 112 号）》；

（9）《关于加强城市生物多样性保护工作的通知（建城［2002］249 号）》；

（10）规划区所在省市的相关法规。

（二）技术标准

（1）《城市绿地分类标准（CJJT85-2002）》；

（2）《城市用地分类与规划建设用地标准（GB50137-2011）》；

（3）《城市园林绿化评价标准（GB/T50563-2010）》。

（三）规范性文件

（1）《城市绿地系统规划编制纲要（建城［2002］240号）》；

（2）《生态园林城市标准（建城［2012］170号）》；

（3）规划区所在省市《城市生态园林城区标准》。

（四）其他政策文件

（1）《国务院关于加强城市绿化建设的通知（国发［2001］20号）》；

（2）《住房城乡建设部关于促进城市园林绿化事业健康发展的指导意见（建城［2012］166号）》。

（五）常用标准

（1）绿地具体分类应符合表10.1的规定。

表10.1　　绿地分类

类别代码			类别名称	内容及范围	备注
大类	中类	小类			
G_1			公园绿地	向公众开放，以游憩为主要功能，兼具生态、美化、防灾等作用的绿地	
	G_{11}		综合公园	内容丰富，有相应设施，适合于公众开展各类户外活动的规模较大的绿地	
		G_{111}	全市性公园	为全市居民服务，活动内容丰富、设施完善的绿地	
		G_{112}	区域性公园	为市区内一定区域的居民服务，具有较丰富的活动内容和完善设施的绿地	
	G_{12}		社区公园	为一定居住用地范围内的居民服务，具有一定活动内容和设施的集中绿地	不包括居住组团绿地
		G_{121}	居住区公园	服务于一个居住区的居民，具有一定活动内容和设施，为居住区配套建设的集中绿地	服务半径为0.5~1.0千米
		G_{122}	小区游园	为一个居住小区的居民服务、配套建设的集中绿地	服务半径为0.3~0.5千米

表10.1(续)

类别代码			类别名称	内容及范围	备注
大类	中类	小类			
G_1	G_{13}		专类公园	具有特定内容及形式，有一定游憩设施的绿地	
		G_{131}	儿童公园	单独设置，为少年儿童提供游戏场地及开展科普、文体活动，有安全、完善设施的绿地	
		G_{132}	动物园	在人工饲养条件下，移地保护野生动物，供观赏、普及科学知识，进行科学研究和动物繁育，并具有良好设施的绿地	
		G_{133}	植物园	进行植物科学研究和引种驯化，并供观赏、游憩及开展生产资料活动的绿地	
		G_{134}	历史名园	历史悠久，知名度高，体现传统造园艺术并被审定为文物保护单位的园林	
		G_{135}	风景名胜公园	位于城市建设用地范围内，以文物古迹、风景名胜点（区）为主形成的具有城市公园功能的绿地	
		G_{136}	游乐公园	具有大型游乐设施，单独设置，生态环境较好的绿地	绿化占地比例应大于或等于65%
		G_{137}	其他专类公园	除以上各种专类公园外具有特定主题内容的绿地，包括雕塑园、盆景园、体育公园、纪念性公署等	绿化占地比例应大于或等于65%
	G_{14}		带状公园	沿城市道路、城墙、水滨等，有一定游憩设施的狭长形绿地	
	G_{15}		街旁绿地	位于城市道路用地之外，相对独立成片的绿地，包括街道广场绿地、小型沿街绿化用地等	绿化占地比例应大于或等于65%
G_2			生产绿地	为城市绿化提供苗木、花草、种子的苗圃、花圃、草圃及圃地	
G_3			防护绿地	城市中具有卫生、隔离和安全防护功能的绿地，包括卫生隔离带、道路防护绿地、卫生隔离带、道路防护绿地、城市高压走廊绿带、防风林、城市组团隔离带等	

表10.1(续)

类别代码			类别名称	内容及范围	备注
大类	中类	小类			
G_4			附属绿地	城市建设用地中绿地之外各类用地中的附属绿化用地，包括居住用地、公共设施用地、工业用地、仓储用地、对外交通用地、道路广场用地、市政设施用地和特殊用地中的绿地	
	G_{41}		居住绿地	城市居住用地内社区公园以外的绿地，包括组团绿地、宅旁绿地、配套公建绿地、小区道路绿地等	
	G_{42}		公共设施绿地	公共设施用地内的绿地	
	G_{43}		工业绿地	工业用地内的绿地	
	G_{44}		仓储绿地	仓储用地内的绿地	
	G_{45}		对外交通绿地	对外交通用地内的绿地	
	G_{46}		道路绿地	道路广场用地内的绿地，包括行道树绿带、分车绿带、交通岛绿地、交通广场和停车场绿地等	
	G_{47}		市政设施绿地	市政公用设施用地内的绿地	
	G_{48}		特殊绿地	特殊用地内的绿地	
G_5			其他绿地	对城市生态环境质量、居民休闲生活、城市景观和生物多样性保护有直接影响的绿地，包括风景名胜区、水源保护区、郊野公园、森林公园、自然保护区、风景林地、城市绿化隔离带、野生动植物园、湿地、垃圾填埋场恢复绿地等	

(2) 人均公共绿地面积是指城市中每个居民平均占有公共绿地的面积。计算公式为：

人均公共绿地面积（平方米）= 城市公共绿地总面积÷城市非农业人口

人均公共绿地面积指标根据城市人均建设用地指标而定。

(3) 城市绿化覆盖率是指城市绿化覆盖面积占城市总用地面积的比值。计算公式为：

城市绿化覆盖率(%)=(城市内全部绿化种植垂直投影面积÷城市面积)× 100%

城市绿化覆盖率不应低于35%。

(4) 城市绿地率是指城市各类绿地（含公共绿地、居住区绿地、单位附属绿地、防护绿地、生产绿地、风景林地六类）总面积占城市面积的比率。计算公式为：

城市绿地率(%)=(城市六类绿地面积之和÷城市总面积) ×100%

城市绿地率应不少于30%。为保证城市绿地率指标的实现，各类绿地单项指标应符合下列要求：

① 新建居住区绿地占居住区总用地比率不低于30%。

② 城市道路均应根据实际情况搞好绿化。其中主干道绿化面积占道路总用地比率不低于20%，次干道绿化面积所占比率不低于15%。

③ 城市内河、海、湖等水体及铁路旁的防护林带宽度应不少于30米。

④ 单位附属绿地面积占单位总用地面积比率不低于30%。其中工业企业、交通枢纽、仓储、商业中心等绿地率不低于20%；产生有害气体及污染工厂的绿地率不低于30%，并根据国家标准设立不少于50米的防护林带；学校、医院、休疗养院所、机关团体、公共文化设施、部队等单位的绿地率不低于35%。因特殊情况不能按上述标准进行建设的单位，必须经城市园林绿化行政主管部门批准，并根据《城市绿化条例》第十七条规定执行。

⑤ 生产绿地面积占城市建成区总面积比率不低于2%。

⑥ 公共绿地中绿化用地所占比率，应参照《公园设计规范 GJ48-92》执行。属于旧城改造区的，可对本规范（一）、（二）、（四）项规定的指标降低5个百分点。

(5) 附属绿地控制指标见表10.2。

表 10.2　　　　**附属绿地控制指标分解表**

<table>
<tr><th>序号</th><th colspan="2">类型</th><th>绿地率</th><th>备注</th></tr>
<tr><td rowspan="3">1</td><td rowspan="3">居住附属绿地（G41）</td><td>多层（4~6 层）</td><td>>30%</td><td rowspan="3">组团绿地面积不小于 0.04 公顷，旧城改造区绿地率不低于 25%，新建区绿地率不低于 30%。屋顶、平台绿化属建（构）筑物附属绿化，不计入绿地率</td></tr>
<tr><td>高层（9 层以上）</td><td>>35%</td></tr>
<tr><td>低层（1~3 层）</td><td>>30%</td></tr>
<tr><td rowspan="3">2</td><td rowspan="3">公共设施绿地（G42）</td><td>学校、医院、疗养院</td><td>>35%</td><td rowspan="3"></td></tr>
<tr><td>商业金融</td><td>>20%</td></tr>
<tr><td>体育场馆用地</td><td>>35%</td></tr>
<tr><td>3</td><td colspan="2">工业绿地（G43）</td><td>≤20%</td><td>工业企业内部一般不得安排绿地，但因生产工艺等特殊要求需要安排一定比例绿地的，绿地率不大于 20%</td></tr>
<tr><td>4</td><td colspan="2">仓储绿地（G44）</td><td>20%</td><td></td></tr>
<tr><td>5</td><td colspan="2">对外交通绿地（G45）：铁路、公路、管道运输、港口和机场等城市对外交通运输及其他附属设施等用地</td><td>25%~30%</td><td></td></tr>
<tr><td rowspan="4">6</td><td rowspan="4">道路绿地（G46）</td><td>主干道</td><td>>25%</td><td rowspan="4">景观大道绿地率不小于 40%；道路红线宽度大于 50 米的道路不低于 30%；红线宽度在 40~50 米的道路不低于 25%；红线宽度在 12~40 米的道路不低于 20%</td></tr>
<tr><td>次干道</td><td>>20%</td></tr>
<tr><td>休闲广场</td><td>>65%</td></tr>
<tr><td>交通集散广场</td><td>>20%</td></tr>
<tr><td>7</td><td colspan="2">特殊绿地（G47）</td><td>>35%</td><td>部队等单位绿地率不低于 40%</td></tr>
</table>

注：配套绿地率以《××省/市城市绿化管理条例》规定指标为基数，少于规定的必须办理集中绿化手续。除了表中的其他用地的绿地率指标按相关规定及技术规范执行。旧城改造区指《××省/市城市规划管理条例》施行以前，已作为城市用地并进行了建设的地区。新建区指旧城改造区以外，新划为城市用地的地区。

第三节　实习过程与方法

一、实习过程

（一）室内准备阶段

1. 确定实习小组

以班级为单位，采取自由组合原则，10 人为一个小组并选定组长；组长负责小组日常工作管理、进度把握、人员协调，并负责与指导教师的沟通与衔接。

2. 查阅规划区相关资料，熟悉规划区的基本情况

学生主要通过网络、书籍收集相关资料。资料包括：①自然资料，如气象资料、土壤资料、地质资料、植被资料、各类自然灾害资料；②人文资料，如历史资料、城市发展史料；③社会资料，如国民经济情况、人口情况、民族与民俗情况等；重点要了解规划区绿地系统与城市各类用地之间的区位关系及空间分布格局等。

3. 列出所要收集资料清单，拟定调查问卷及访谈提纲

资料清单包括：规划区所辖范围的城镇绿地现状（现有绿地的位置、范围、面积、性质、质量及可利用程度）、自然与经济社会、道路系统等资料；城市总体规划、经济社会发展规划等相关规划文件资料。

调查问卷主要针对城市居民而设置，旨在了解城市居民对城市绿地系统规划的建议与诉求（问卷见附录）。

学生制定访谈提纲的目的是针对相关政府管理部门对城市绿地规划建设的现状、问题及规划设想等进行了解。

（二）实地调研阶段

1. 资料收集

在该阶段，学生要走访城市绿地规划相关的政府管理部门，主要涉及城市园林局、城市规划局、旅游局、环境保护局以及发展改革委等部门，收集相关文字、图形、图像资料，同时对相关人员进行访谈；就城市绿地相关问题，通过发放问卷了解市民的意见与建议等。

2. 现场勘查

在该阶段，学生要现场了解城市绿地整体风貌、城市各类绿地分布情况，并在地形图上标注；收集规划区现状影像资料。

（三）资料分析阶段

1. 资料处理

在该阶段，学生要对所收集的文字、图形、图像等资料进行处理，对访谈的结果分组进行统计整理。

2. 专题研究

每组对规划中面临的重要问题进行专题研究，为规划方案的制订提供依据。专题研究主要涉及“城市各类绿地现状与问题研究”“城市生物群落多样性研究”“古树名木保护研究”及“城市园林绿化的树种配置研究”等。

（四）方案编制阶段

1. 方案比较

实习小组通过小组头脑风暴，初拟两个方案进行比较。

2. 方案交流

实习小组提出方案后与指导教师进行交流，向其汇报规划构思，并就一些规划原则问题做深入沟通。

3. 方案修改

实习小组根据双方达成的意见对方案进行修改。

4. 意见反馈

实习小组将修改后的方案提交给指导教师并再次听取意见，对方案进行修改，直至双方达成共识，转入成果编制阶段。

5. 方案编制

实习小组讨论制订城市绿地系统规划方案。方案主要包括：城市绿地现状分类分析；城市总体布局立意构思；城市公共绿地、防护绿地、道路系统绿地、单位附属绿地、生产绿地、避灾绿地等的规划布局；城市园林绿化主要树种规划；古树名木保护、生物多样性保护、绿地景观风貌规划；分期建设规划。

6. 主要成果

文本成果有：《城市绿地系统总体规划说明书》《城市绿地系统总体规划文本》《专题研究》《城市绿地系统总体规划资料汇编》。

图件成果有：城市区位关系图，城市概况与资源条件分析图，城市绿地现状分析图，市域绿地规划图，中心城区绿地规划结构图，中心城区绿地总体规划图，中心城区公园绿地规划图，中心城区生产、防护、其他绿地规划图，中心城区道路绿地规划图，防灾避险绿地规划布局图，近期绿地建设规划图（注：图件比例尺与城市总体规划衔接对应）。

（五）成果汇报阶段

以小组为单位，通过 PPT 和图纸展示方式，汇报规划成果。

二、实习方法

（一）城市公园可达性计算方法

1. 统计指标法

统计指标法通过统计特定区域内公园的数量、面积、公园面积比、人均公园面积等指标来评价市民对公园的可达性，指标值越高，可达性越好。按照区域空间尺度的不同，该方法对城市公园可达性的评价结果包括整个城区、行政区、人口普查街道等多个等级。统计指标法的另一种形式为统计区域通过距某人口聚居区一定距离的缓冲区来定义。

2. 旅行距离或者费用法

旅行距离或费用法通过计算城市公园与市民之间的累计阻力（距离、时间和费用），并将计算结果以图形显示，能够清晰直观地表示空间不同位置对城市公园的阻力。依据对阻力的不同理解和应用，该方法又可分为简单缓冲区法、费用加权距离法和网络分析法。

3. 最小距离法

对于城市公园这种公共服务设施，市民多选择距其最近的公园进行游憩活动。最小距离能够较好地表达这一思想，将居民出发地和城市公园抽象为点，计算点之间的最短直线距离来表达市民对城市公园的可达性。

4. 引力模型法

引力模型法将可达性理解为公园提供服务能力和市民需求间的相互作用大小和潜力。该方法基于牛顿万有引力定律，认为公园对市民服务潜力随着到达公园的阻力的增加而减小，随着城市公园服务能力和市民需求的增加而增加，在城市公园可达性研究中有着广泛应用。引力模型法考虑了公园服务能力和潜力，能够较好反映出公园吸引力对可达性的影响。幂函数（公式 10.1）、负指数函数（公式 10.2）和高斯函数（公式 10.3）可以较好地反映城市公园与市民相互作用的距离衰减现象。

$$A_i = \sum_j \frac{S_j}{d_{ij}^{\beta}} \tag{10.1}$$

$$A_i = \sum_j S_j \times e^{-\beta d_{ij}} \tag{10.2}$$

$$A_i = \sum_j S_i \times e^{-d_{ij}^2/v} \tag{10.3}$$

式中，A_i表示空间位置 i 的可达性，值越大表示可达性越高；S_i表示公园 j 的服务能力，常用公园面积表示；d_{ij}表示空间位置 i 和公园 j 的空间阻力，常用距离、时间等变量表达；β、v 为引力衰减系数，约束可达性随空间阻力增加而衰减的程度。

（二）城市绿地系统的景观空间格局指数

1. 多样性（Diversity）指数（H）

该指数的大小反映景观类型的多少和各景观类型所占比例的变化。当景观是由单一类型构成时，景观是均质的，其多样性指数为0；由两个以上类型构成的景观，当各景观类型所占比例相等时，其景观的多样性指数最高；各景观类型所占比例差别增大，则景观的多样性下降。其计算公式为：

$$H = -\sum_{t=1}^{m}(p_i)\log_2(p_i) \tag{10.4}$$

其中，H 为景观多样性指数，m 为景观元素数目，p_i 为第 i 类景观元素所占的面积之比。

2. 均匀度（Evenness）指数（E）

该指数描述景观中各组成成分的分配均匀程度，其值越大，表明景观各组成成分分配越均匀。计算公式为：

$$E = \frac{H}{H_{\max}} = \frac{-\sum_{t=1}(p_i)\log_2(p_i)}{\log_2 m} \tag{10.5}$$

其中，m 为景观类型个数，H 是多样性指数，$H_{\max}$ 是其最大值。显然，当 E 趋于1时，景观斑块分布的均匀程度趋于最大。

3. 优势度（Dominanee）指数（D）

该指数表示景观多样性对最大多样性之间的偏差，表明景观组成中某种或某些景观类型支配景观的程度。计算公式为：

$$D = H_{\max} + \sum_{t=1}^{m} p_i\log_2(p_i) \tag{10.6}$$

式中，p_i 为景观类型 i 所占面积之比，$H_{\max}$ 为多样性指数的最大值，m 为景观类型总数。优势度大，表明各景观类型所占比例差别大，其中某一种或几种景观类型占优势；优势度小，表明各景观类型所占比例相当；优势度为0即 $H=H_{\max}$，表明各景观类型所占比例相等，没有一种景观占据优势。

4. 分离度（Isotation）指数（F_t）

景观分离度是指某一景观类型中不同元素个体分布的分离程度。分离度越大，表明景观在地域上分布越分散。其计算公式如下。

$$F_t = D_t / S_t \tag{10.7}$$

$$S_t = A_t / A \tag{10.8}$$

$$D_t = \frac{1}{2}\sqrt{\frac{n}{A}} \tag{10.9}$$

其中，F_t为景观类型 i 的分离度，n 表示景观 i 类型中的元素个数，A_t为第 i 类景观的面积，A 为研究区景观总面积。

（三）城市绿地系统的布局模式

城市绿地系统的布局是指将城市中各类绿地（包括点状、线性）合理地组织到一起，并形成一定的结构模式，使其成为内外结合的有机整体，进而最大限度地发挥城市绿地的各项功能，尤其是生态功能的一项综合工程。绿地布局的好坏直接关系到城市绿地系统规划的成败，因此我们有必要对城市绿地系统中常见的布局因子及模式进行系统的研究。

1. 绿地布局因子

城市绿地系统中所有的布局因子可概括为点、线、面三种形式。由此而衍生出来的有绿点、绿块、绿园等点块状地；绿廊、绿带、绿轴、绿环、绿指、绿楔等线状绿地；绿心、绿核、大型绿块等面状绿地（郑映雪，2007）。一般常见的布局因子有点、块、核、环、楔、带六种形式。

（1）绿点一般面积较小，分布较广，比较容易接触，与市民关系密切；

（2）绿块（绿片、绿圆）具有一定的面积和形式，一般以公园的形式出现，可以为市民提供良好的休憩、娱乐活动场所；

（3）绿核（绿心）一般位于城市中心地带，面积大，绿色量较为集中，可以体现城市特色；

（4）绿环（圈）是城市外围的环形带状绿地，是城市与外界物质和能量交流的通道，是野生动植物生活的理想场所，充分体现城市的生物多样性；

（5）绿楔是城市外围绿地与城市内绿地联系的纽带，外形表现由宽到窄，可以是山川、森林、湖泊、河流等形式，一般呈放射状布置；

（6）绿带（绿廊、绿轴）是沿城市铁路、道路、河流、沟渠等布置的线性绿地，此类绿地在宽度上有一定的要求，也是城市各种绿地连接的纽带。

2. 常见布局模式

城市绿地常见的布局模式可概括为八种基本模式，即点状、环状、放射状、放射环状、网状、楔状、带状、指状（见图 10.1）。规划者在城市绿地系统规划中，可根据不同城市的具体情况，灵活运用各种模式，组合新的混合模式，如点环状、环网状、网带状等多种混合模式。

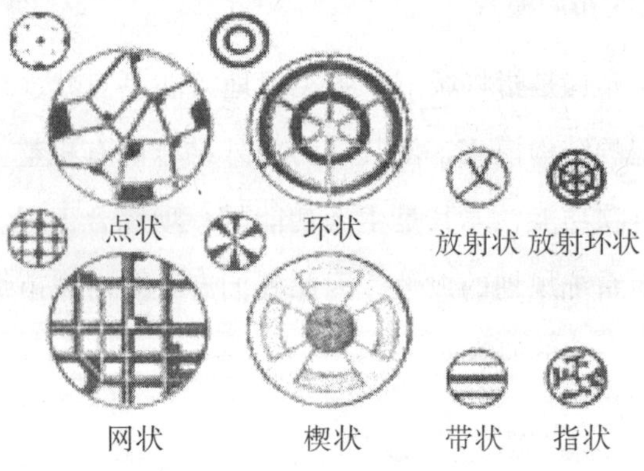

图 10.1　常见的城市绿地布局模式

第四节　案例与拓展

规划范围分为区域、中心城区两个层次。区域范围为铜梁区全境，即铜梁区行政辖区范围，包括 5 个街道办事处、23 个镇，面积为 1 340 平方千米，包括巴川街道、南城街道、东城街道、旧区街道及安居、蒲吕、平滩、大庙、土桥、石鱼、太平、侣俸、虎峰、少云等镇。

中心城区规划范围包括巴川街道、南城街道、东城街道、蒲吕镇、土桥镇、石鱼镇、庆隆镇行政辖区范围，总面积约为317.80平方千米；城市建设用地范围包括巴川街道、南城街道、东城街道、蒲吕街道等行政辖区内的部分范围。

一、区域概况

（一）基本概况

1. 气候水文

铜梁区为四川盆地亚热带季风湿润气候区，四季分明，光、温、水资源充沛，雨热同步，区内年平均气温为17.9℃，10℃以上的年总积温为6 546℃，无霜期有325天，年均日照为1 324.1小时，生长期较长，年均降雨量为1 063.8毫米，雨量丰富，年平均相对湿度为82%，土地肥力高，适合多种园林植物的生长。

建成区内地势西北高，东南低，四周山丘环绕，呈“五马归槽”之势，城市用地条件好，易于体现城市园林绿化的风貌特色；同时，巴川河、淮远河两条河流流经全城区，其中巴川河还分为南北二支流，形如“巴”字，字浮其城，是城市规划建设中难能可贵的水系资源，增添了整个城市的灵气与秀气。特点鲜明的宏观地形地貌特征和网络状的河流水系分布格局，为铜梁区城市园林绿化系统的山水园林景观设计提供了丰富而又有特色的自然景观素材。

2. 植被资源

铜梁区属中亚热带季风湿润气候，植物发育古老，种类丰富。自新生代以来，铜梁处于暖湿气候条件，受第四纪冰期影响较轻，保存下来许多阔叶树种。基带性植被为亚热带常绿阔叶林、针叶林、竹林、常绿灌丛和水生植被。植被区系成分主要集中在壳斗科、胡桃科、杨柳科、杨梅科、山茶科、大风子科等。常绿阔叶林主要为板栗、刺果米槠、栲树、柞栎、胡桃、枫杨、白杨、柳杨、水青枫、毛杨梅、构树、榕树、茶树、臭椿、川楝、槭树、楠木、香樟、柞木、八角枫、桉树、枫香等。针叶林主要为马尾松和杉木林。竹林主要为慈竹、毛竹、平竹、斑竹、硬头黄等种类。灌丛主要为麻栎、杜鹃、野漆树、山胡椒、米饭花、光叶山矾、铁芒基、大血藻等种类。常见的园林绿化代表植物为银杏、小叶罗汉松、塔柏、苏铁、侧柏、法国梧桐、枫杨、紫薇、夹竹桃等。

3. 旅游资源

铜梁的自然景观和人文景观丰富。城市西北角的西郭水库大坝为著名的“铜梁文化”遗址，少云公园内有国际共产主义战士邱少云烈士纪念碑和纪念馆，铜梁龙灯艺术更是享誉中外，巴川街道已成为著名的龙灯艺术之乡。风景名胜和文物古迹主要有少云公园、西郭水库（“铜梁文化”遗址发现地）、武庙（“铜梁文化”出土文物藏地）、落猴寺摩崖石刻、豹子沟及滴水岩、济都寺风景点和著名的重庆小十景之一——巴岳山风景区，具有深厚的文化内涵和历史积淀，此外，城市西北边的玄天湖湿地公园还为城市绿地发展提供了绿色屏障。丰富的旅游资源与城市绿地系统规划建设相得益彰，必将有助于绿地系统特色的塑造。

（二）城区绿化现状

1. 城区建设用地现状

近年来，区域经济社会发展状况是铜梁区有史以来发展最快、质量和效益最好的时期，农业、工业和第三产业经济迅猛发展，同时人口也在快速增长。截至2011年，铜梁城区用地面积为18.53平方千米（不含水域），城区人口为19.64万人（含户籍人口12.41万人，暂住人口7.23万人）。

铜梁区城市现状用地情况如表10.3所示。

表10.3　　铜梁区城市现状用地统计表（2011年）

序号	用地名称	用地代号	面积（公顷）
1	居住用地	R	504.69
其中	一类居住用地	R1	0
	二类居住用地	R2	504.69
2	公共设施用地	C	122.09
其中	行政办公用地	C1	32.73
	商业金融用地	C2	26.27
	文化娱乐用地	C3	1.59
	体育用地	C4	12.02
	医疗卫生用地	C5	8.06

表10.3(续)

序号	用地名称	用地代号	面积（公顷）
其中	教育科研设计用地	C6	39.98
	文物古迹用地	C7	1.45
	其他公共设施用地	C9	0
3	工业用地	M	177.47
其中	一类工业用地	M1	72.28
	二类工业用地	M2	90.92
	三类工业用地	M3	14.27
4	仓储用地	W	3.21
5	对外交通用地	T	4.47
6	道路广场用地	S	347.16
其中	道路用地	S1	345.19
	广场用地	S2	1.81
	社会停车场库用地	S3	0.16
7	市政公用设施用地	U	27.67
其中	供应设施用地	U1	12.06
	交通设施用地	U2	7.58
	邮电设施用地	U3	2.24
	环境卫生设施用地	U4	5.79
	其他市政公用设施用地	U9	0
8	绿地	G	403.18
其中	公园绿地	G1	228.8
	生产防护绿地	G3	174.38
9	特殊用地	D	20.86
	城市建设用地（合计）		1 610.8
10	水域及其他用地	E	270.97
	水域	E1	28
	其他用地		242.97
	总计		1 881.77

2. 城区绿地现状

铜梁城区地势西北高，东南低，四周山丘环绕，呈“五马归槽”之势，不论是在旧城区，还是在新城区，政府部门都十分重视城市绿化建设。旧城区主要单位绿地率达到了近22%，新城区广场、小游园、花坛等公共绿地星罗棋布，街道绿树成荫，城市园林绿化建设步伐加快；与此同时，新城区内纵横交错分布的淮远河、高滩河、巴川河沿岸保留的大量植被，特别是在城区内，沿河保留的大量黄葛古树、大树已成了城市中一条亮丽的风景线。而在城区周边，沿河两岸留存着茂盛的竹林植被，为新城绿地系统的“绿线”建设提供了保障，也将成为新城中生物物种迁移的绿色通道。

铜梁城区内现有的雪庵公园、少云公园等公园绿地建设良好，在城市中起到了良好的绿化辐射服务作用，还有散布于城市中的各个广场、绿点等，都为市民提供了良好的休闲娱乐空间。但随着城市建设力度的加大，铜梁区城市绿化的数量和档次都有待进一步增加和提升。铜梁区城市绿地系统基本框架已经形成，但绿地与道路，城市聚居区与城市绿地之间缺乏联系，未能形成规模性的、有机的城市绿地网络，绿地网状结构尚不完整。并且流经铜梁城区内的巴川河在旧城区中被各类建筑包围，没有利用好河道绿化对城市小气候的改造作用等，这些方面都有待于改进提升。

铜梁城区绿地系统现状如图 10. 2 所示。

图 10. 2　铜梁城区绿地系统现状图

二、规划背景

1. 生态文明建设背景

党的十八大报告提出必须树立尊重自然、顺应自然、保护自然的生态文明理念，而且要坚持节约优先、保护优先、自然恢复为主的方针。住房和城乡建设部也于 2012 年出台《关于促进城市绿化事业健康发展的指导意见》，指出：以科学发展观为指导，将城市园林绿化作为生态文明建设和改善人民群众生活质量的重要内容。理论上讲，生态文明的目标就是要构建“天人合一”的境界，实现人与自然和谐共融，人口、资源与环境协调发展。城市园林绿化在生态文明建设中具有十分重要的、不可替代的作用和地位。

2. 铜梁撤县设区背景

2014 年经国务院批复同意，重庆市撤销铜梁县，设立铜梁区。新区成立后，市委市政府大力支持铜梁社会经济发展，将铜梁规划建设成为 52 平方千米、48 万人口的城市新区，打造成为新兴工业城市、文化旅游胜地、生态宜居城市。

3. 重庆市生态园林城市建设背景

为进一步改善城市生态和人居环境，努力提升城市形象，促进全市经济、社会和环境协调发展，2011 年，重庆市开展创建生态园林城市活动，推进全市各区县全面实施园林建设，不断提高绿化水平，完善城市功能。2012 年，铜梁区正式提出创建“重庆市生态园林城市”的口号，提出城市绿地系统规划要遵从生态环境效益、社会经济效益和景观文化功能，以及以美化城市整体形象作为出发点。

三、关键问题

1. 城市绿地结构的完善

铜梁区城市绿地系统基本框架已经形成，但绿地与道路、城市聚居区与城市绿地之间缺乏联系，城乡绿地系统缺乏融合，未能形成规模性的、有机的城市绿地网络，绿地网状结构尚不完整。

2. 城市绿化的特色塑造

铜梁城区绿地系统在树种选择和配置模式上存在一定的相似性，不能凸显个性，缺乏城市特色的塑造。

3. 城市河道绿化有待提升

流经铜梁区城区内的巴川河在旧城区中被各类建筑包围，没有利用好河道绿化对城市小气候的改造作用，在城市的建设中有待进一步改造。

4. 城区绿地景观质量有待提高

城区绿地绿化水平不高，一些绿地植物配置层次不突出，植物季相变化不明显，城市绿化水平还有进一步提升的空间。

5. 立意构思需巧妙

如何以山体为依托、水系为纽带、道路为骨架，结合城市规划和建设现状进行城市绿地的有机布局？

四、实习成果

1. 文本成果

文本成果有：《铜梁区城市绿地系统规划说明书》《铜梁区城市绿地系统规划文本》《铜梁区城市绿地系统专题研究》《铜梁区城市绿地系统总体规划资料汇编》。

2. 图件成果

图件成果有：铜梁城市区位关系图；铜梁城市概况与资源条件分析图；铜梁区城市绿地系统现状分析图；铜梁区市域绿地系统规划图；铜梁区中心城区绿地系统规划结构图；铜梁区中心城区绿地系统总体规划图；铜梁区中心城区公园绿地系统规划图；铜梁区中心城区生产、防护、其他绿地规划图；铜梁区近期绿地系统建设规划图（注：图件比例尺与城市总体规划衔接对应）。

五、思考与拓展

1. 关于“城市慢行系统”的构建和发展

（1）如何结合铜梁城区特色，以城区丰富的自然景观资源和人文景观资源为基础，形成集生态保护、体育、休闲、文化、科教、旅游为一体的绿色慢行廊道，建设宜居宜业、环境优美、生态安全、休闲舒适的城乡环境？

（2）铜梁城区公共设施主要分布在老城区，且分布不均匀，慢行道如何选线？

（3）如何对慢行道进行比选，确定慢行体系的适宜线路？

（4）慢性体系如何与交通衔接，如何有效配置公共服务设施？

2. 以点—线—面相结合的方式

如何在整个市区内形成大面积的城市公园绿地、公共绿地以及绿色开敞空间，力求在城市范围内营造一个绿地与广场等公建设施布局相结合的、生态的、开敞的有机整体？

提示：慢行系统是城市交通体系中的一项重要组成部分，主要包含人行步道、自行车道、人行天桥等内容；慢行系统分为交通性慢行系统和非交通性慢行系统，交通性慢行系统主要是解决步行及自行车等交通方式的交通组织和交通安全问题，非交通性慢行系统则是以提供散步功能为主要目的。针对目前城市居民对散步的需求，规划者可通过一定的措施强化非交通性慢行系统，结合原有交通性慢行系统，在空间用地上与城市开敞公共空间主要是绿地系统进行整合，使其能提供更舒适的慢行空间和休息空间环境，包括公园、步行街、小区、人行道等空间，从而形成节点成熟、体系完整的绿色慢行系统。慢行系统不仅是居民短距离出行的主要方式，也是居民休闲、购物、锻炼的重要方式。

铜梁城区现已建成一定规模的自行车道、绿地公园、滨河绿地、步行街等慢行系统的主要节点，诸如现有自行车服务站亭有16个，已有7 000余人办理了铜梁区免费公共自行车诚信卡，平均每天有2 000余人次使用。但铜梁城区现有慢行体系覆盖面较小，体系不健全，配套服务设施不够完善，现有慢行系统需要进一步优化。

附录：《铜梁区城市绿地系统规划》调查问卷

尊敬的市民：

您好！我们是人文地理与城乡规划专业的学生，为更全面了解广大市民对铜梁城区城市绿地规划与建设中的意见及建议，创造舒适优美的生活和工作环境，特发此调查问卷，征求广大市民的意见。本次调查是无记名的，您的意见对铜梁区的未来发展非常重要，请您根据问卷上的要求，认真作答。谢谢您的支持与配合！

请您在符合自己情况、想法的选项前打钩。

1. 您的性别：□男　□女

2. 您的年龄：□18岁以下　□18~30岁　□31~40岁　□41~50岁　□51~60岁　□61岁以上

3. 最高学历：□无　□小学　□初中　□高中　□大专　□本科及以上

4. 您的从业情况：（可多选）

□种田　□养殖/牧业　□务工　□开店做生意　□一般干部　□学生　□无业

5. 您认为铜梁目前城市绿地建设的主要问题是：

□绿地太少，应该大力增加绿地数量　□绿地数量还可以，但品质不好

□绿地数量还可以，但分布不均匀　□其他（请注明__________）

6. 您认为铜梁现有公园、小游园、街头绿地等是否具有本地特色？

□特色鲜明　□特色比较明显　□一般　□没有体现或没感受

7. 您节假日通常的活动是：

□在家　□去市内公园　□去爬山　□其他（请注明__________）

8. 您最愿意去的公园是：

□人民公园　□少云公园　□金龙体育公园　□玄天湖湿地公园

□其他（请注明__________）

9. 您出门步行 500 米（10 分钟左右）是否有可供休憩的公园绿地？

□有，不止一处　□有一处　□没有　□不清楚

10. 您对您的居住区周围的绿地的搭配和设计满意吗：

□满意　□较满意　□一般　□不满意

11. 您去游憩公园绿地的主要活动内容是：

□健身活动　□散步游憩　□带孩子游玩　□其他

12. 您最希望公园中有哪些活动及设施：（可多选）

□人文历史教育　□刺激性游乐项目　□爬山、野营场地和设施

□水上活动项目　□娱乐表演项目　□其他

13. 您认为您所在城区的公园、小游园、街头绿地等城市绿地足够多吗？

□很多　□比较多　□一般　□很少

14. 您对您所在城区的园林绿化、卫生质量环境等状况是否满意？

□满意　□较满意　□一般　□不满意

15. 您认为铜梁城市绿化开敞空间存在的主要问题是：

□绿化开敞空间不连续　□绿化开敞空间尺度太小

□植物配景品质不高　□缺乏林荫步行道和自行车道

16. 您认为铜梁的城市绿地、广场等公共活动场所存在的主要问题是：（可多选）

□数量太少　□分布不均　□品质不高

□缺少配套设施　□违章建筑太多　□卫生条件太差

17. 节假日您会选择和谁一起去公园：

□父母等老年人　□小孩　□同事、朋友　□其他

18. 您希望目前城区加强绿化的场所是：（最多选三项）

□历史建筑周边　　□生活性道路两侧　　□沿河滨湖岸线

□住宅小区　□主要的公交站点　□体育场及图书馆等公共设施周边

□商业区周边　□其他（请注明__________）

19. 您认为目前城区最需增设的城市专类公园包括：（最多选三项）

□儿童公园　□动物园　　□植物园　　□纪念性公园

□历史名园　□文化公园　　□科学公园　　□老年公园　□其他

20. 您对铜梁城区绿地系统规划有何好的建议？

____

____

____

____

____

再次感谢您的参与，祝您生活愉快！

××调查组

参考文献

[1] 周尚意. 人文地理学野外方法 [M]. 北京：高等教育出版社，2010.

[2] 赵媛. 南京地区地理综合实习指导纲要 [M]. 北京：科学出版社，2010.

[3] 周心琴等. 重庆地区综合地理野外实习教程 [M]. 成都：西南财经出版社，2012.

[4] 铜梁县志编撰委员会. 铜梁县志 [M]. 重庆：重庆大学出版社，1991.

[5] 吴志强. 城市规划原理 [M]. 3版. 北京：中国建筑工业出版社，2011.

[6] 李晓梅. 人口预测模型研究及应用 [M]. 成都：西南财经大学出版社，2011.

[7] 李和平. 城市规划社会调查方法 [M]. 北京：中国建筑工业出版社，2004.

[8] 金兆霖. 村镇规划 [M]. 3版. 南京：东南大学出版社，2010.

[9] 张万方. 中国新农村规划建设简明实用教程 [M]. 北京：中国建筑工业出版社，2008.

[10] 崔英伟. 村镇规划 [M]. 北京：中国建材工业出版社，2008.

[11] 双文元，郝晋珉. 基于AVC理论的农村居民点适宜性评价及分区管控 [J]. 土壤 2014，26 (1).

[12] 董艳芳，陈敏. 新农村规划设计实例 [M]. 北京：中国社会出版社，

2006.

［13］山水易合规划设计院［EO/OL］．［2015-05-15］．http://www.shsee.com/mlxnc/msjx/.

［14］夏南凯，田宝江．控制性详细规划［M］．上海：同济大学出版社，2005.

［15］中国城市规划设计研究院．城市规划资料集（第四分册）——控制性详细规划［M］．北京：中国建筑工业出版社，2011.

［16］李博，宋云，俞孔坚．城市公园绿地规划中的可达性指标评价方法［J］．北京大学学报：自然科学版，2008，44（4）.

［17］刘常富，等．城市公园可达性研究［J］．生态学报．2010，30（19）.

［18］徐家钰，程家驹．道路工程［M］．上海：同济大学出版社，2004.

［19］徐循初，黄建中．城市道路与交通规划（上下册）［M］．中国建筑工业出版社，2007.

［20］文国玮．城市交通与道路系统规划［M］．北京：清华大学出版社，2007.

［21］赵勇．中国历史文化名镇名村保护理论与方法［M］．北京：中国建筑工业出版社，2008.

［22］曾群，赵万民．安居古镇山水风貌的保护与整治［J］．小城镇建设，2004（3）.

［23］曹思玮．古建筑立面仿古风貌改造探析［J］．广西城镇建设，2013（3）.

［24］曹昌智．中国历史文化名城名镇名村保护状况及对策［J］．中国名城，2011（3）.

［25］仇保兴．对历史文化名城名镇名村保护的思考［J］．中国名城，2010（1）.

［26］赵勇，唐渭荣，龙丽民，等．我国历史文化名城名镇名村保护的回顾和展望［J］．建筑学报，2012（6）.

［27］一映．何日君再来，一个让您记住乡愁的地方——中国第四大古城重庆安居古城［J］．2014（7）.

［28］杨剑，查晓鸣．历史古镇保护规划的基本理论述略［J］．中国名城，2013（8）.

［29］张松．城市文化遗产保护国际宪章与国内法规选编［M］．上海：同济

大学出版社，2007.

［30］李和平，邢西玲. 文化景观视角下的山地历史城镇保护途径［C］//第二届山地城镇可持续发展专家论坛论文集. 北京：中国科学院学术委员会，2013.

［31］马勇. 旅游规划与开发［M］. 北京：高等教育出版社，2007.

［32］保继刚. 旅游规划案例［M］. 北京：中国旅游出版社，2010.

［33］肖星. 旅游策划教程［M］. 广州：华南理工大学出版社，2005.

［34］达沃斯巅峰旅游规划设计院［EO/OL］.［2015-05-15］. http://www.davost.com/

［35］土人景观设计［EO/OL］.［2015-05-15］. http://www.turenscape.com/home.php

［36］吕明伟，孙雪. 休闲农业规划设计与开发［M］. 北京：中国建筑工业出版社，2010.

［37］钟林生. 生态旅游规划原理与方法［M］. 北京：化学工业出版社，2003.

［38］沈祖祥. 旅游策划学［M］. 福州：福建人民出版社，2008.

［39］胡长龙. 城市绿地系统规划［M］. 重庆：重庆大学出版社，2011.

［40］张晓佳. 城市规划区绿地系统规划研究［D］. 北京：北京林业大学，2006.

［41］杜广如. 城市绿地空间系统的规划研究［D］. 石家庄：河北农业大学，2006.

［42］雷芸. 持续发展城市绿地系统规划理法研究［D］. 北京：北京林业大学，2009.

［43］千庆兰，陈颖彪. 吉林市城市绿地系统规划研究［J］. 北京林业大学学报，2004，26（5）.

［44］陈国平.21世纪城市绿地系统规划的认识与思考［J］. 湖南城市学院学报：自然科学版，2004，13（1）.

［45］程容. 四川省宜宾市绿地系统规划研究［D］. 成都：四川农业大学，2004.

［46］重庆风景园林网［EO/OL］.［2015-05-15］. http://www.cqla.cn/chinese/index.asp.